DAS NEUROAFFEKTIVE BILDERBUCH 2

Marianne Bentzen und Susan Hart

DAS NEUROAFFEKTIVE BILDERBUCH 2

Sozialisation und Persönlichkeit

Mit Illustrationen von Kim Hagen Jensen

NAP Books

Veröffentlichung der dänischen Originalausgabe: Den Neuroaffektive Billedbog 2. Hans Reitzels Forlag, Kopenhagen.

Deutsche Übersetzung Silvia Autenrieth nach der englischen Übersetzung aus dem Dänischen von Dorte Herholdt Silver.

ISBN 978-1-78222-698-7

Satz und Layout: Into Print
www.intoprint.net
+44 (0)1604 832149

Druck und Bindung: Lightning Source
Das Buch verwendet FSC®-zertifiziertes Papier

INHALT

Vorwort

Ein Bild sagt mehr als tausend Worte.

Ein Großteil der Informationen, die bei unserem Gehirn ankommen, ist unbewusster und nonverbaler Art, und genau diese nonverbalen Erfahrungen geben unserem Leben seine ganz besondere emotionale Färbung und Qualität. Es braucht die nonverbalen Empfindungen auf der Körperebene, um all die Worte, Bilder und Ideen, auf die Erwachsene so oft fixiert sind, mit Leben zu erfüllen. Nicht umsonst ist dieses Buch ein Bilderbuch: weil Bilder es schaffen, uns unmittelbarer mit einer elementaren Lebenskraft in Kontakt zu bringen, die ihrem Wesen nach nonverbal ist.

In diesem Band, *Das Neuroaffektive Bilderbuch 2 – Identität und Sozialisation*, skizzieren wir die zwanzig Lebensjahre ab Kindheit und Jugend, die die Entwicklung unserer Identität und Interaktionsfähigkeiten in Anspruch nehmen. Wir präsentieren ein Modell, das sich mit fünf uns Menschen eigenen Motivationssystemen befasst, die während dieser recht langen Zeit heranreifen und zeigen auf, wie der beständige Austausch mit anderen – vor allem Gleichaltrigen – diese Motivationssysteme im Laufe unseres Heranwachsens prägt.

Im vorherigen Band, *Das Neuroaffektive Bilderbuch*, ging es um die allersten Lebensjahre und die Interaktionen mit den erwachsenen Bezugspersonen, die stattfinden müssen, damit sich die drei Ebenen des Gehirns und der Persönlichkeit funktionell zu denen eines gesunden Erwachsenen entwickeln: die *sensorische*, die *emotionale* und die *Mentalisierungsebene*. Außerdem wurde von uns dort unser Persönlichkeitsmodell vorgestellt, *die neuroaffektiven Kompasse*. Die im ersten Band geschilderte Entwicklung legt das Fundament, das für eine gesunde Entwicklung der Identität und Sozialisation erforderlich ist, mit der sich dieser zweite Band befasst. Wer also Wert auf die chronologische Reihenfolge legt, wird vielleicht zunächst einmal Band 1 des Bilderbuchs lesen wollen, es ist aber kein Muss.

So ein Bilderbuch zu schreiben, macht einen Riesenspaß! Und den hatten wir definitiv beim gemeinsamen Schreiben und Ideensammeln für Kim Hagen Jensens lebendige und augenzwinkernde Illustrationen.

Viel Vergnügen!
Susan Hart und Marianne Bentzen

EINLEITUNG

Evolution und Kultur

Evolutionär betrachtet sind wir Menschen hypersoziale Herdentiere. Wir verbünden uns mit anderen Angehörigen unserer Spezies zu Gruppen, für die wir bestimmte Umgangsmuster und Normen festlegen. Was uns dabei antreibt, sind soziale Motivationssysteme, die wir mit allen anderen Menschen gemein haben. Genau genommen teilen wir vier der Motivationssysteme mit allen sozialen Säugetieren, nämlich *Bindung, Spiel & Kooperation, Hierarchie & Status* sowie *Geschlechtsidentität*. Genau dieselben Motivationssysteme findet man auch bei vielen Fisch-, Reptilien- und Vogelgattungen, so dass sie höchst wahrscheinlich schon in uns angelegt sind, seit unsere Urahnen, die frühesten Wirbeltiere, die Meere durchsteiften.

Vor 200 Millionen Jahren: Bei den frühesten Säugetieren waren das limbische System und die Großhirnrinde, die ein komplexes Sozialverhalten ermöglichen, bereits erheblich weiter entwickelt. Beim heutigen Menschen reifen diese Regionen des dreieinigen Gehirns noch immer erst nach und nach heran, und zwar in einer Reihenfolge, in der sich die menschliche Evolution spiegelt.

Vor 600 Millionen Jahren: Bei Pilzen und Quallen bildeten sich die frühesten neuronalen Netze aus, grob zu der Zeit, in der die Ozonschicht entstand.

Vor 350-400 Millionen Jahren: Die Gehirne der frühesten Amphibien verfügten bereits über das gleiche dreigliedrige oder ‚dreieinige' Gehirn, das kennzeichnend für das Gehirn des heutigen Menschen ist.

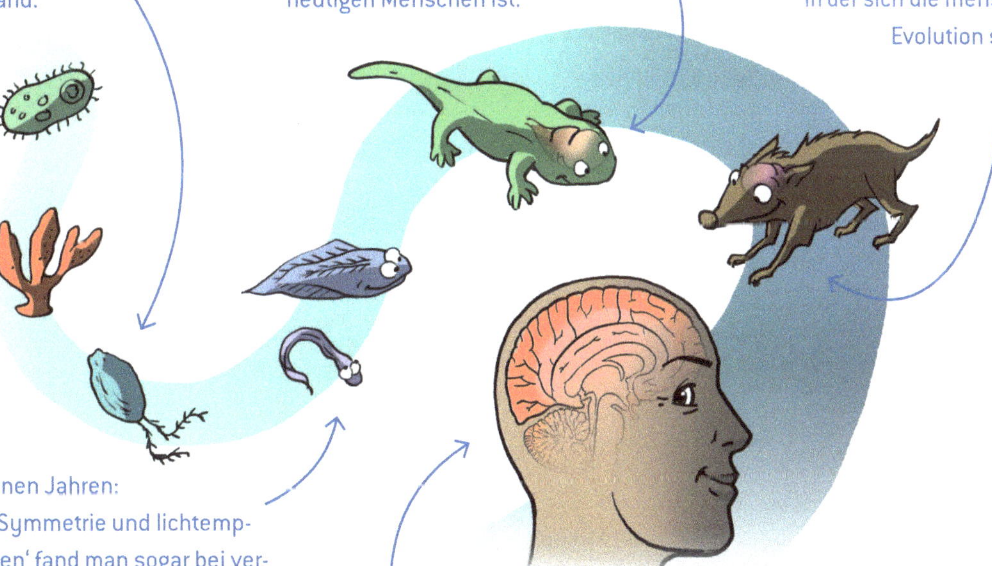

Vor 550 Millionen Jahren: Links-rechts-Symmetrie und lichtempfindliche ‚Augen' fand man sogar bei versteinerten Plattwürmern. Der Plattwurm ist ein Urahn der frühesten Fische, die rund 50 Millionen Jahre später Hirnstrukturen und ein Rückenmark ausbildeten...

Vor 200.000 Jahren: Die Großhirnrinde des modernen menschlichen Gehirns verfügt über zahllose Nervenfasern, die verblüffend komplexe Informationsnetzwerke bilden. Sie enthält doppelt so viele Neuronen wie das komplette Gehirn unseres nächsten Verwandten, des Schimpansen.

Nur das fünfte Motivationssystem, *Mentalisierung*, scheint beim Menschen signifikant anders als bei anderen sozialen Tieren. Mentalisierung ist das Vermögen zur Selbsterkenntnis und zu Erkenntnissen über andere, und um diese Fähigkeit zu entwickeln, müssen wir zunächst einmal gelernt haben, Verbindungen zwischen Emotionen und komplexen gedanklichen Prozessen herzustellen. Mentalisierung beinhaltet sowohl die emotionale Fähigkeit zur Empathie uns selbst und anderen gegenüber als auch das kognitive Verständnis, dass unterschiedliche Menschen auch unterschiedliche Emotionen und Ansichten haben und dass diese sich im Laufe der Zeit verändern können.

Bindung, Spiel & Kooperation, Hierarchie & Status und Interaktionen zwischen den Geschlechtern sind auch im Gruppenverhalten unserer nächsten Verwandten, der Schimpansen und Bonobos, leicht wiederzuerkennen. Unverkennbar ist auch, dass die einzelnen Individuen, die dieser jeweiligen Gattung angehören, wechselseitig ihr Verhalten und ihre Interaktionen genau beobachten. So zum Beispiel werden die sozialen Motivationssysteme, die in einem Schimpansenjungen angelegt sind, von dem Gruppenumfeld geprägt, in dem es aufwächst. In einigen Schimpansengruppen werden Konflikte in erster Linie über Aggressionen und Machtausübung ausgetragen, während andere öfter auf Verhandeln und emotionales Vermitteln setzen. Ihre Anführer von Gruppen zeigen jeweils unterschiedliche Führungsstile, und sofern die Gruppe nicht gegen sie aufbegehrt, bestimmen sie und die ranghöchsten Tiere die Normen für akzeptables Verhalten. Für verschiedene Untergruppen gelten verschiedene Normen: für Erwachsene andere als für Heranwachsende, für männliche Tiere andere als für weibliche, je nach dem Status, der ihnen innerhalb der Gruppe zukommt. Daneben existieren Normen im Hinblick auf eine Sonderbehandlung, die enge Freunde und Familienmitglieder erwarten können. Natürlich werden rangniedere Mitglieder der Gruppe versuchen, soziale Verhaltensweisen und Schlupflöcher herauszubekommen, die ihnen die beste Chance bieten, das System auszutricksen und Privilegien zu ergattern, die ihnen aufgrund ihres Standes nicht zustehen. Jede Gruppe hat ihre ganz eigene Kultur, deren Gesicht von Kräften bestimmt wird, die mit den Anlagen und der Umwelt dieser bestimmten Gruppe zusammenhängen. Die Jungtiere werden in die Kultur ihrer Gruppe hineingeboren und von ihr geprägt, und diese einzigartige Gruppenkultur geben sie dann über Generationen weiter. Wenn Schimpansen von einer Gruppe in eine andere wechseln, was sie im Regelfall als junge Erwachsene tun, müssen sie sich an die Kultur der neuen Gruppe anpassen, um akzeptiert zu werden.

Schimpansen leben in erweiterten Familienverbänden, in denen es verschiedene Untergruppen gibt. In jeder davon gelten eigene kulturelle Normen.

Bei menschlichen Gruppenverbänden ist es ganz ähnlich. Auch hier lassen sich problemlos Bindungsinteraktionen, Spiel und Kooperation, Statushierarchien und Interaktionen zwischen den Geschlechtern beobachten. Auch wir verfolgen die Interaktionen anderer Gruppenmitglieder und entwickeln in verschiedenen Gruppen und Untergruppen ganz bestimmte soziale Kulturen. Unsere jeweilige Gesellschaft wird von Traditionen bestimmt wie auch von denen, die bei uns aktuell an der Spitze sind. In modernen Gesellschaften leben wir allerdings in viel größeren und komplexeren Gruppen als es bei Schimpansen jemals der Fall ist, so dass selbst Kinder oft schon früh im Laufe eines normalen Tages mit mehreren verschiedenen Gruppenkontexten und -kulturen in Berührung kommen.

Wir Menschen verfügen zudem noch über eine mentale Dimension, die entwicklungsmäßig weit über der von Schimpansen und Bonobos steht: wir haben zur sozialen Kommunikation nämlich komplexe gesprochene und Schriftsprachen ausgebildet und erschaffen unentwegt Metaphern und Geschichten über unsere Welt. Auf diese mentale Dimension greifen wir zu, wenn wir mentalisieren, das heißt, wenn wir ein empathisches Verständnis von uns selbst, von anderen Menschen und von Tieren entwickeln.

Auch das menschliche Gemeinwesen kennt unterschiedliche Gruppenkulturen, und viele Gruppen umfassen diverse Subkulturen.

KAPITEL 1

Die Entwicklung der Persönlichkeit und des Gehirns in Kindheit und Jugend

Entscheidet die Veranlagung oder entscheidet das Umfeld über unsere Persönlichkeit?

Jahrzehntelang war der Einfluss der Veranlagung und des Umfelds auf unsere Persönlichkeit Anlass heftiger Debatten. Entscheiden die Gene oder entscheiden unsere Kindheitserfahrungen darüber, was für ein Mensch wir werden? Die Antwort der Wissenschaft auf diese Frage ist ein klares *Ja*. Zu beidem.

Veranlagung + Umfeld = Persönlichkeit

In den letzten Jahrzehnten des 20. Jahrhunderts stießen Forscher darauf, dass die Qualität der Fürsorge, die wir in den ersten paar Lebensjahren erfahren haben, die Persönlichkeitsentwicklung maßgeblich beeinflusst. Dies führte einige zu der Theorie, dass letztlich nur diese Jahre für die Formung von Gehirn, Körper und Persönlichkeit zählten. In den Nuller-Jahren zeigten Gehirn-Scans von Teenagern, dass sowohl das Gehirn als auch die Persönlichkeit auch noch bei knapp über Zwanzigjährigen noch erhebliche Veränderungen durchmachen. De facto setzt sich der Reifungsprozess des Gehirns – und damit auch der Persönlichkeit – bis zum Alter von rund 30 Jahren fort, wenn auch in gemäßigterem Tempo.

Die Entwicklung der Persönlichkeit im Alter von 2 bis 20 Jahren

Unsere Persönlichkeit entwickelt sich aus einem Wechselspiel zwischen biologischer Konstitution und Begegnungen mit unserem Umfeld. Der wissenschaftliche Begriff für diesen Prozess lautet *Epigenetik* und er befasst sich mit der Frage, wie Erfahrungen die Genexpression in bestimmte Richtungen verändern, während sich neue Potenziale eröffnen und andere Potenziale der Rationalisierung zum Opfer fallen. In der Entwicklungs- und Evolutionspsychologie geht man davon aus, dass die sozialen Motivationssysteme Teil unseres biologischen Erbes sind und in unserer Kindheit und Jugend epigenetisch durch Erfahrungen mit Erwachsenen und mit anderen Kindern geprägt werden.

Die sozialen Motivationsysteme werden zunächst einmal durch das Miteinander mit unseren Bezugspersonen in den beiden ersten Lebensjahren ausgeprägt. Auf Grundlage dieser Erfahrungen entwickelt sich ein erstes Gefühl dafür, wie mit anderen Beziehungen umzugehen ist, denen wir im Leben begegnen. Etwa ab einem Alter von 2 Jahren beginnt das Kind diese erworbenen Interaktionsgewohnheiten an anderen Kindern auszuprobieren. Es begegnet dabei der für es noch völlig neuen und herausfordernden Erfahrung, befriedigende Interaktionen mit Gleichaltrigen zu initiieren, und mit der Zeit rücken die Erwachsenen zunehmend in den Hintergrund. Dementsprechend wird die spätere Persönlichkeit im Erwachsenenalter von seinem Interaktionsumfeld in Kindheit und Jugend geprägt. Wenn wir auf den folgenden Seiten beschreiben, welche Reifungsprozesse die diversen emotionalen und persönlichen Fähigkeiten durchlaufen, gehen wir davon aus, dass das Kind in seiner Entwicklung sowohl die Unterstützung als auch die Herausforderungen erfahren hat, die diese Entwicklungsstufen ermöglichen.

Hier ein kurzer Überblick über die neu entstehenden Fähigkeiten, die mit den sozialen Motivationssystemen in Kindheit und Jugend in Verbindung stehen.

Wir können es genießen, etwas zusammen zu machen, oder wir können es einfach genießen, zusammen zu sein.

Bindungsprozesse lassen uns in der frühen Kindheit neue Freundschaften fürs Leben schließen und erlauben uns später, Liebesbeziehungen einzugehen.

Spiel kann eine gemeinsame Geschichte oder ein gemeinsames Projekt beinhalten …

… und es fördert die Entwicklung praktischer Fähigkeiten wie auch die der sozialen Intelligenz.

Spiel und Kooperation mit geeigneten Spielkameraden können Kindern helfen, neue Freundschaften zu schließen und in Peergroups aufgenommen zu werden, mit denen sie beim Spielen neue, spannende Lernerfahrungen machen.

Über unseren Status können Führungsqualitäten entscheiden …

… wie auch soziale Normen innerhalb der eigenen Gruppenkultur.

Schon Krabbelkinder gehören gleichzeitig mehreren Gruppen an, deren Normen in Sachen *Hierarchie* und *Status* voneinander abweichen.

Die Normen der eigenen Subkultur diktieren, was man haben will, was wichtig und was cool ist...

Im Rahmen der Entwicklung ihrer *geschlechtlichen Identität* sind Jugendliche sowohl mit ihrem eigenen intensiven Transformationsprozess konfrontiert als auch mit all den Anforderungen, Normen und Unterschieden, die sowohl in traditionellen als auch in modernen Kulturen existieren.

... aber zum Glück können wir dennoch lernen, Status und Subkultur zu relativieren und ein tiefergehendes Verständnis voneinander zu entwickeln.

Die Mentalisierungsfähigkeit entwickelt sich, sobald Kinder neugierig auf ihre eigenen Emotionen und die anderer werden. Nach und nach lernen sie, Emotionen zu erkennen, ohne vollständig von ihnen verschlungen zu werden, und sie entwickeln Einfühlungsvermögen für das, was in anderen und in ihnen selbst vor sich geht. Außerdem entwickeln sie die Fähigkeit, über die Ursachen und Auswirkungen von Gedanken und Emotionen zu reflektieren.

In der späten Jugend bis ins frühe Erwachsenenalter verbessern sich die kognitiven Fähigkeiten. Differenziertere Betrachtungsweisen und ein Abgleich mit der Realität werden möglich. Sie entwickeln die Fähigkeit, längerfristig zu planen und differenziertere Vorstellungen von ihrer Zukunft durchzuspielen. Ihre mittlerweile ausgebildete bessere Mentalisierungsfähigkeit bedeutet, dass sie spontan deutlich mehr Nuancen in zwischenmenschlichen Beziehungen erfassen. Eine Entwicklung, die ihnen zunehmend erlaubt, auch komplizierte Projekte in Angriff zu nehmen, bei denen sie entsprechende Aufgaben an andere delegieren müssen.

Eine gute Führungsperson braucht ein Gespür für die Fähigkeiten der einzelnen Teammitglieder sowie ihre Möglichkeiten und Grenzen.

Soweit zur Persönlichkeit. Wie hängen diese umfassenden Entwicklungsprozesse mit der Reifung des Gehirns zusammen? Diesem Thema widmet sich der nächste Abschnitt.

Die Entwicklung des Gehirns im Alter von 2 bis 20 Jahren

Schon bei Zweijährigen sind die drei allgemeinen Ebenen des Gehirns allesamt aktiv und miteinander verbunden, nur sind sie nicht bei allen gleich verschaltet. Jedes Kind kommt mit einem bestimmten Temperament auf die Welt, und die Menschen in seinem Umfeld tragen diesem Temperament so gut sie können Rechnung. Das Verständnis des Kindes für sich selbst und die Welt um es herum wird von diesen Begegnungen geprägt. Die hieraus resultierenden Erfahrungen lassen die unzähligen neuronalen Schaltkreise entstehen, die alle drei zentralen Bereiche des Gehirns miteinander verbinden – den autonomisch-sensorischen, den limbisch-emotionalen und den präfrontal-mentalisierenden. Während des zweiten Lebensjahrs setzt eine umfassende Bereinigung der neuronalen Verbindungen ein. Selten genutzte neuronale Schaltkreise sterben ab, während häufig genutzte stärker ausgebaut werden, so dass jedes Gehirn etwas andere Fähigkeiten entwickelt. Die wichtigste Voraussetzung für die weitere Entwicklung der Persönlichkeit ist die, dass die drei Ebenen des dreieinigen Gehirns bis zum Alter von 2 Jahren untereinander gut verbunden sind, was dem Kind zwei wesentliche Grunderfahrungen ermöglicht: die von angenehmen und unangenehmen körperlichen Empfindungen und Emotionen und ein grundlegendes Gefühl von Unterstützung und Geborgenheit in der Beziehung zu seinen Bezugspersonen.

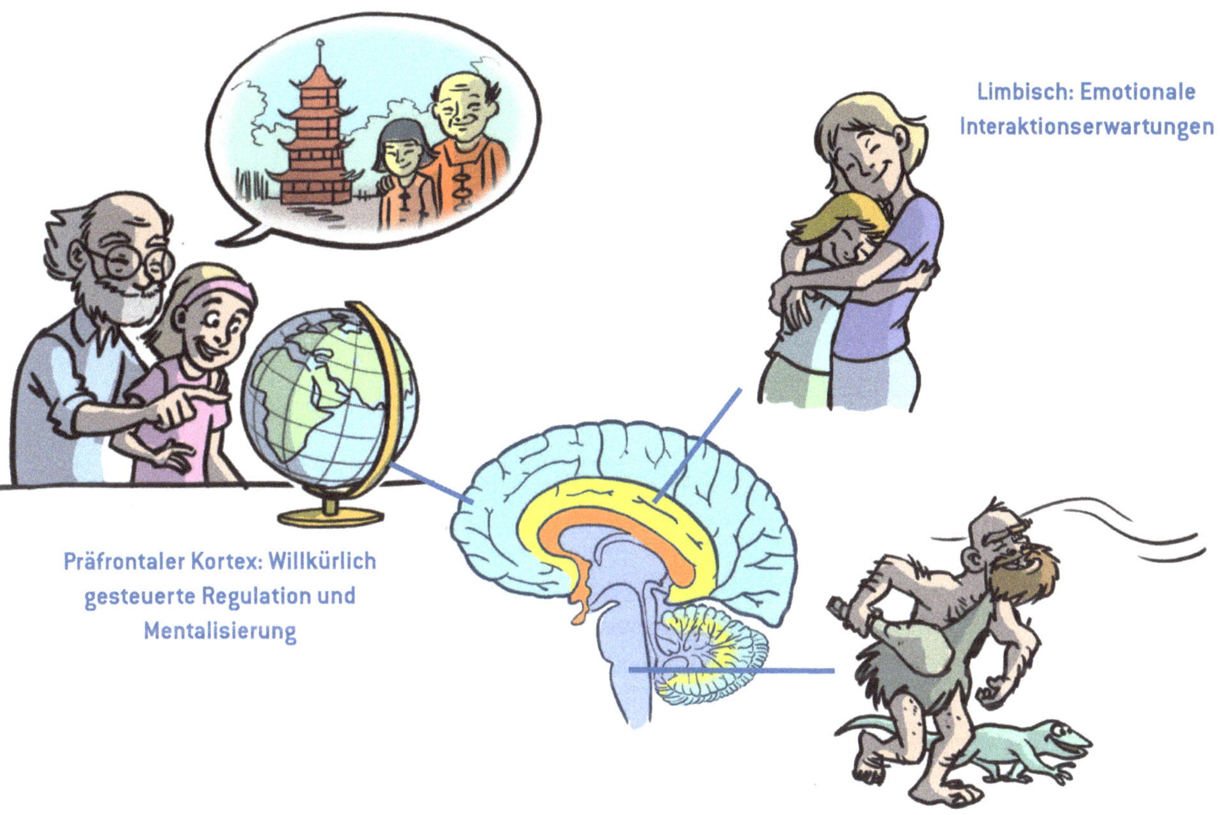

Der erweiterte zweite Reifungsprozess beginnt etwa mit zwei Jahren und setzt sich durch unsere gesamte Kindheit und Jugend hindurch fort. Im Rahmen eines Vorgangs, der das gesamte Gehirn betrifft, werden alle neuronalen Schaltkreise des Gehirns reorganisiert und optimiert, beginnend mit den kürzeren neuronalen Verbindungsstrecken weiter zu den besonders langen. Diese Veränderungen sorgen dafür, dass das Kind nach und nach imstande ist, innere Empfindungen und Emotionen mit bewusstem Entscheiden, konkretem Planen und sogar abstraktem Denken zusammen zu bringen.

Der Reifungsprozess beginnt in der für die sensorische Integration zuständigen Region im Scheitellappen am Hinterkopf. Dieser setzt sich dann allmählich durch die seitlich am Kopf befindlichen Schläfenlappen hindurch (die zentral für die emotionale Verarbeitung sind) weiter nach vorne fort. Schließlich erreicht er den präfrontalen Kortex hinter der Stirn, der zentral für das bewusste Denken und Mentalisieren ist. Diese Entwicklung dauert etwa bis zum Einsetzen der Pubertät.

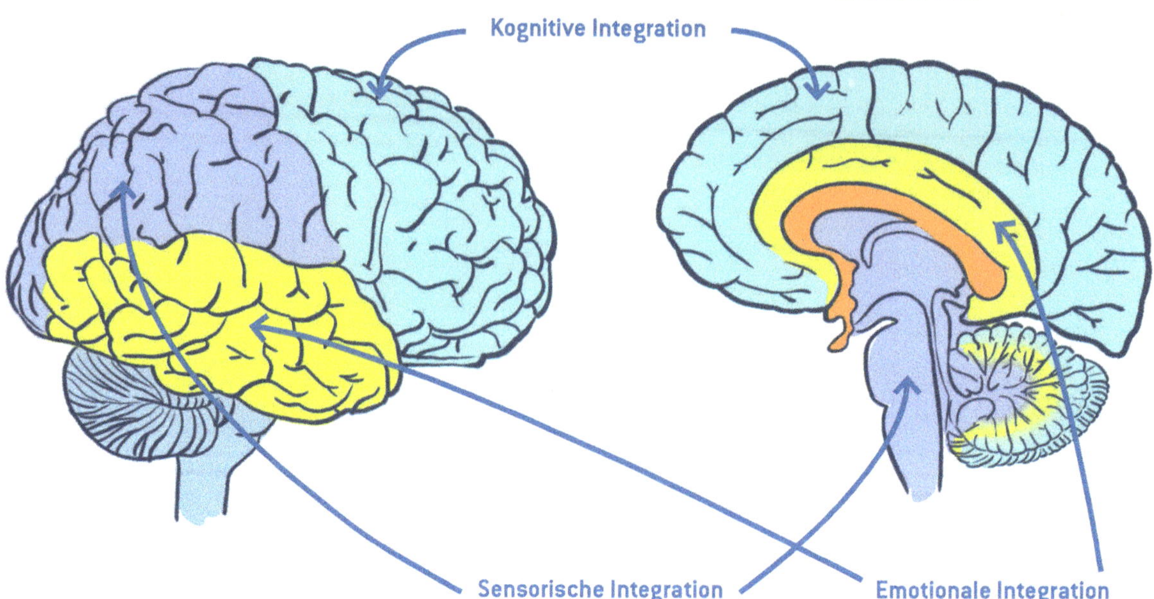

Im Teenageralter setzt sich dieser Optimierungsprozess fort, begleitet von einem erneuten Zurückstutzen ungenutzter neuronaler Bahnen. Das Gehirn ‚trimmt' sie auf das beim Erwachsenengehirn übliche Maß, bei dem weniger Neuronen und weniger, dafür jedoch viel stärkere und komplexere, Schaltkreise bestehen. Tatsache ist, dass die Hirnentwicklung im Alter zwischen 2 und 20 Jahren wie eine langsamere Version des ausgiebigen Wachsens und Zurückstutzens im Zeitraum von der Geburt bis zum Alter von zwei Jahren abläuft. Scheinbar vollzieht sich die Reifung des Gehirns während der Kindheit und Jugend in zwei Wellen. Eine solche Welle beginnt jeweils mit einem kräftigen Wachstumsschub, gefolgt von einer Periode des Rückschnitts, bei der nur die häufig genutzten neuronalen Bahnen überdauern. ‚Use it or lose it!', wie der gängige Spruch sagt. Was nicht genutzt wird, kann weg.

Mit 20 Jahren ist der Reifeprozess des Gehirns im Großen und Ganzen abgeschlossen. Allerdings sind die individuellen Unterschiede enorm und die einzelnen Fähigkeiten erreichen jeweils in einem unterschiedlichen Lebensalter ihren Höhepunkt. De facto reift und verändert sich das Gehirn noch während des gesamten Lebens weiter. Unser Denken und unsere Emotionen sind mit 60 anders als mit 25 – in einigen Bereichen machen wir Fortschritte, während wir in anderen Fähigkeiten abbauen.

Dieses Buch bietet in erster Linie einen Überblick über einen normalen oder typischen Entwicklungsprozess, obwohl diese Entwicklung letztlich nur bei den wenigsten vollkommen ‚normal' abläuft. Doch zunächst einmal werden wir das nächste Kapitel dazu nutzen, uns die häufigsten Stressfaktoren und natürlichen Stressreaktionen anzusehen, die in Kindheit, Jugend und Erwachsenenalter auftreten können und unsere Entwicklung prägen. In den dann folgenden Kapiteln befassen wir uns dann wieder mit dem regulären Reifungsprozess.

KAPITEL 2

Stressfaktoren und Stressreaktionsmuster

Stressreaktionen treten stets auf, weil entweder viel zu viel auf uns einströmt oder nicht annährend genug Input vorhanden ist. Wenn das, was von außen auf uns einwirkt, zu heftig oder zu chaotisch ausfällt, kann es für Funktion und Entwicklung des Gehirns und der Persönlichkeit zu viel werden. Aber auch mangelnde Stimulation kann die Entwicklung beeinträchtigen und verkümmern lassen. Im schlimmsten Fall können Überforderung und Unterforderung sogar gleichzeitig vorhanden sein.

Stressfaktoren

Die drei wichtigsten Auslöser von Stress sind immer wieder die gleichen, von unserer Geburt bis zu unserem Tod. Die bekanntesten Stressursachen sind konkrete und praktische Faktoren wie etwa ein ungünstiges physisches Umfeld, sei es im Kindergarten oder im Büro. Vielleicht überfordert uns der Geräuschpegel. Oder aufgrund von Sparmaßnahmen bleibt zu viel an uns hängen oder wir häufen massenweise Überstunden an. Umgekehrt kann Stress bei Erwachsenen wie auch bei Kindern damit zusammenhängen, dass sie zu wenig gefordert sind durch fehlende angemessene Aufgaben oder mangelnde äußere Struktur.

Stress kann angesichts von zu vielen oder zu anspruchsvollen Aufgaben entstehen …

Die beiden anderen Stressfaktoren gehen auf das soziale Umfeld zurück sowie auf die sozialen Motivationssysteme Bindung und Status.

Etwa ab einem Alter von zwei Jahren wenden sich Kinder deutlich mehr sozialen Interaktionen außerhalb der Familie zu. Wie ihr Miteinander mit anderen abläuft, entfaltet sich vor dem Hintergrund von Erwartungen, die sie im Rahmen ihres primären Bindungsmusters gegenüber ihren Bezugspersonen entwickelt haben. Bei Kindern mit unsicherem Bindungsmuster dürfte das Gefühl, in der Beziehung nicht sicher zu sein, hier erneut aufkeimen. Diese Hypothek lastet auf ihnen, wenn es darum geht, befriedigende Beziehungen zu anderen herzustellen – ob in der Schulklasse, am Arbeitsplatz, in Freizeitgruppen oder schließlich in einer Ehe. Allerdings haben die meisten Kinder mehr als eine Bindungserfahrung gemacht, und die Erfahrungen, die in Verbindung mit jeder einzelnen Beziehung gemacht werden, sind mitentscheidend für die Erwartungen, mit denen an den nächsten Kontakt herangegangen wird. Auf diese Weise können sich Bindungsmuster im Laufe des Lebens immer wieder verändern. Insofern bringen wir einerseits bestimmte Bindungserwartungen mit, wenn wir eine Beziehung eingehen, aber gleichzeitig wird unser subjektives Erleben der Bindung auch ständig durch unsere aktuellen Interaktionen beeinflusst. Der Schlüssel dazu, Bindungsunsicherheit aufzuheben, besteht darin, die Art von wechselseitigem Unterstützen und Fordern zu erfahren, die für die jeweilige Form von Beziehung relevant ist.

… oder durch das Gefühl, nie wirklich dazugehören …

Wie unsere Bindungserfahrungen gehen auch unsere frühesten Statuserfahrungen auf die Beziehungen zurück, die wir im Familienkreis erlebt haben und wandeln sich im Laufe des Lebens und je nach Kontext. Statusfragen sind für die meisten Menschen eine nicht zu unterschätzende Quelle von Stress. Das liegt nicht zuletzt daran, dass es in unserer heutigen Kultur vielen schwer fällt, ein ausgewogenes Verhältnis zwischen der vom Geist der Demokratie geforderten Gleichheit und einer gelegentlich angebrachten Autorität herzustellen. Diese Form von Autorität kann etwa im Gewand von Führungsverantwortung auftreten. Sie kann bedeuten, den Überblick über alles zu haben, was ein bestimmtes Produkt betrifft oder sie kommt als Fachkompetenz daher. Sie ist mit Macht und Status verbunden. Nicht viele Menschen verfügen über gute Strategien, mit den heiklen Emotionen umzugehen, die mit Statushierarchien oft verbunden sind. Was darauf hinausläuft, dass Interaktionen, bei denen die Statusdynamik ins Spiel kommt, oft entweder zu schroff oder zu lax ausfallen. Allzu strenge Statusbeziehungen in der Hierarchie können ein unfreundliches, vertrauensarmes Umfeld schaffen, während allzu vage Statusbeziehungen eine frustrierend große Ungewissheit im Hinblick auf die Struktur und bestehende Erwartungen schaffen. Hoher und niedriger Status sind mit zwei unterschiedlichen Arten von Stress verbunden. Stress bei Menschen mit niedrigem Status resultiert oft daraus, sich nicht davor schützen zu können, herumkommandiert oder übergangen zu werden beziehungsweise Privilegien zu verlieren, die sie einmal genossen haben. Zu dem Stress, der mit einem hohen Status verbunden ist, gehören in der Regel Machtkämpfe, Gehorsamsverweigerung und das Aufbürden unrealistischer Erwartungen. Der Status von Erwachsenen wie auch der von älteren Kindern kann durchaus auch im Mittelfeld angesiedelt sein, wo sie beiden Arten von Stress ausgesetzt sind.

Drei Ursachen von psychologischem Stress oder Resilienz in der späten Kindheit und im Erwachsenenleben.

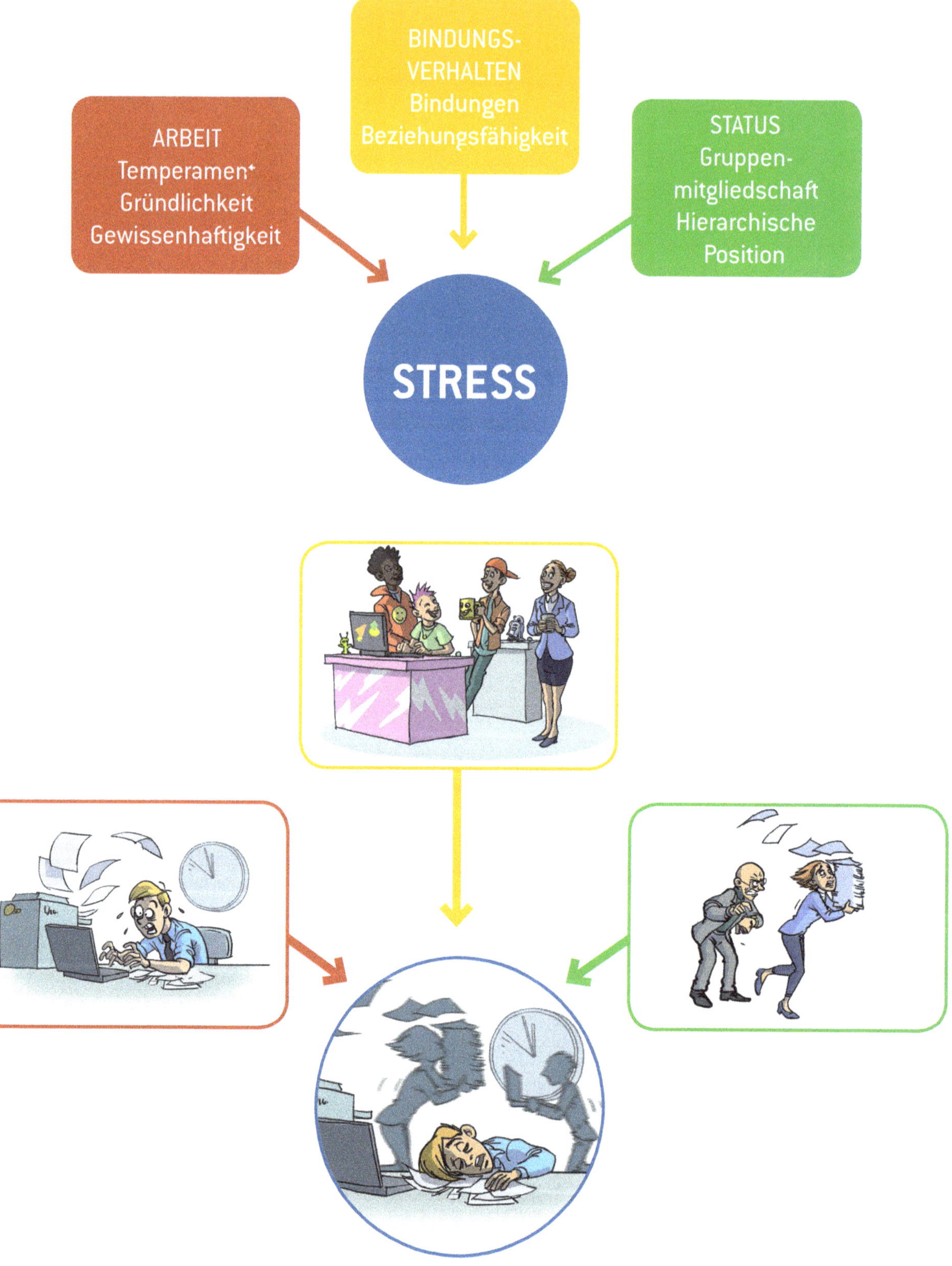

Stressreaktionsmuster – Regression, Dissoziation und Entstehung von Entwicklungsdefiziten

Stress und Traumata münden in verschiedene Arten von Mustern, nach denen wir auf Stress reagieren, je nachdem, wann im Laufe unseres Lebens die Stressoren auftreten sowie abhängig von ihrer Natur, Dauer und Heftigkeit. Wir unterscheiden zwischen drei verschiedenen Stressreaktionsmustern:

1. *Regression* kann zu jedem beliebigen Zeitpunkt des Lebens angestoßen werden. Wann immer wir uns temporär emotional überfordert fühlen, können wir auf weniger reife Bewältigungsstrategien zurückfallen, die wir in der frühen Zeit unseres Lebens entwickelt haben.

2. *Dissoziation* kann entweder traumatisch oder kulturell bedingt sein. Eine *traumatische Dissoziation* kann getriggert werden, wenn wir lebensbedrohlichen Erfahrungen ausgesetzt sind. Eine *kulturelle Dissoziation* kann eintreten, wenn die Diskrepanz zwischen elementaren natürlichen Bedürfnissen einerseits und dem, was wichtige Bezugspersonen oder die vorherrschende Kultur andererseits verlangen so groß ist, dass man sich für das eine oder das andere entscheiden muss.

3. *Entwicklungsdefizite* können äußerlich den beiden anderen Mustern gleichen, sind jedoch im Regelfall Resultat schwerer frühkindlicher Belastungen und Traumata. Sie gehen auf ein Umfeld zurück, in dem so viel Chaos und Unberechenbarkeit herrschte, dass grundlegende emotionale Kompetenzen nie erworben werden konnten.

Betrachten wir uns nun diese drei Muster etwas näher.

Regression

Wahrscheinlich haben alle in ihrem Leben schon Momente erlebt, wo sie unter unerträglichem Druck standen, und irgendein frustrierender Vorfall oder irgendeine Anforderung wurde dann zu dem sprichwörtlichen Tropfen, der ‚das Fass zum Überlaufen brachte'. Plötzlich scheint sich unser besonnenes, vernünftiges, ‚normales' Ich aus dem Staub gemacht zu haben, und ein primitiverer Teil der Persönlichkeit gewinnt die Oberhand. Wir gehen vor Wut an die Decke oder brechen in Tränen aus, aber jedenfalls agieren wir unsere eigenen individuellen *stressinduzierten Regressionsmuster* aus. Zum Glück verlieren sich die regressiven Impulse wieder, sobald der Druck von uns abfällt. Wir können wieder durchatmen, nehmen Vernunft an und regeln die Situation – bis die nächste Krise kommt. Erdrückender Stress vor einer wichtigen Prüfung, bei einem Todesfall in der Familie oder beim Verlust des Arbeitsplatzes können uns kurz oder auch länger in eine Regression treiben oder lassen, allgemeiner gesprochen, ‚die Sicherung durchbrennen'. Doch selbst freudige Ereignisse wie etwa zu heiraten oder einen richtig tollen neuen Job an Land gezogen zu haben, können neben freudiger Aufregung auch regressive Stressreaktionen auslösen.

Emotionale Regression tritt dann auf, wenn alles einfach zu viel und unerträglich wird, …

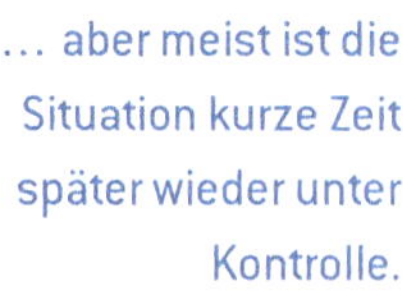

… aber meist ist die Situation kurze Zeit später wieder unter Kontrolle.

Dissoziation

Eine weitere typische Reaktion auf Stress ist *Dissoziation*. Die Ursache einer *traumatischen Dissoziation* ist oft ein plötzlicher und dramatischer Vorfall. Vielleicht erleben wir aus nächster Nähe einen Autounfall mit oder werden selbst bei einem schlimmen Unfall verletzt. Vielleicht werden wir Opfer von Gewalt oder uns wird Gewalt angedroht. Traumatische Dissoziation geht oft mit dem Gefühl einher, dass uns ganz unmittelbar eine tödliche Gefahr, der Tod oder eine ernste Verletzung droht. Bei einem solchen Ereignis verfallen wir in eine Art Totstellreflex, können uns nicht rühren oder uns bleibt vielleicht gar nicht die Zeit, bestimmte Bewegungen durchzuführen. Auf einer Ebene weit unterhalb der Bewusstseinsschwelle werden Reaktionen in Gang gesetzt, die unser Überleben sichern sollen, und obwohl man nach einem solchen Ereignis oft wie betäubt, zittrig oder kraftlos ist, findet der Organismus in der Regel binnen weniger Stunden oder Tage wieder aus diesem Zustand heraus. Dabei hilft es, einen ruhigen mitfühlenden Menschen an unserer Seite zu haben, der uns mit all dem akzeptiert. Was auch hilft, ist, wenn wir dazu zurückfinden, uns selbst wieder als aktiv Handelnde zu erleben und uns diese Selbstwirksamkeit zurückzuerobern. Also selbst wählen und etwas tun zu können, damit wir uns wieder besser fühlen oder unsere Orientierung und uns selbst wiederfinden. Mitunter jedoch hat ein traumatisches Erlebnis so weitreichende Auswirkungen, dass es unmöglich ist, wieder ‚der/die Alte' zu werden. Dann wiederum mag es Fälle geben, wo das Trauma ohne üble Folgen überwunden scheint, doch sechs Monate oder ein Jahr später entwickeln sich mit einem Mal körperliche oder psychische Symptome. Diese posttraumatischen Zustände werden im Laufe der Zeit tendenziell leider eher schlimmer als besser – wer derartiges bei sich feststellt, sollte sich unbedingt professionelle Hilfe suchen, um aus der traumatischen Dissoziation herauszukommen.

Eine traumatische Dissoziation kann als Folge lebensbedrohlicher Ereignisse auftreten …

Dann gibt es da noch den Begriff *kulturelle Dissoziation,* den wir für Fälle verwenden, wo die unbewusste Diskrepanz zwischen unseren natürlichen Bedürfnissen und den gesellschaftlichen oder kulturellen Anforderungen zu groß ist, um sie als solche zu erkennen, geschweige denn das eine mit dem anderen in Einklang zu bringen. Beispielsweise wenn eine Frau ihr Leben lang in einer Kultur gelebt hat, in der man mit völliger Selbstverständlichkeit davon ausgeht, dass sie ein schlechter Mensch wäre, wenn sie ihr Selbstverständnis schützen und sich abgrenzen würde und die sich deshalb natürlich immer freundlich und entgegenkommend gibt, so unzumutbar ihre Situation auch wird. Sie hat schon in früher Kindheit die Fähigkeit verloren, die eigene Wut anzuerkennen und ein Gespür für ihre eigenen Grenzen zu haben. Im Endeffekt könnten hierüber Depressionen oder somatische Symptome wie etwa Bluthochdruck entstehen. Hier verhindern nie hinterfragte erbarmungslose Anforderungen eines Kulturkreises, dass der mentalisierende präfrontale Kortex dieser Frau ihre Impulse in Richtung Autonomie und Abgrenzung wahrnimmt und integriert – eine Belastung für ihr sensorisch-autonomes und emotional-limbisches System und etwas, das sie in ihrer Freude hemmt und womöglich ihren Blutdruck in die Höhe treibt.

… und zu einer kulturellen Dissoziation kommt es dann, wenn der unbewusste Konflikt zwischen gesellschaftlichen Erwartungen und eigenen natürlichen Bedürfnissen derart groß wird, dass er nicht einmal erkannt wird.

Globale oder partielle Entwicklungsdefizite

Die dritte Art von Stressreaktion ist das Ergebnis eines *globalen* oder in weniger gravierenden Fällen *partiellen Entwicklungsdefizits*. Diese wird oft übersehen oder als Reaktion auf ein Trauma eingestuft. In seiner schwersten Ausprägung geht es auf eine Kindheit zurück, die von langen Perioden des Chaos oder der Isolation getrübt war oder in denen das Kind emotional in der Luft hing. Die Folge ist, dass das Kind weder eine gefühlsmäßige Bindung aufbauen, noch andere grundlegende emotionale Fähigkeiten entwickeln kann. Im schlimmsten Fall lernen Betroffene nie, die körperlichen Empfindungen zu identifizieren, aus denen Emotionen und Gefühle sich zusammensetzen. Ohne Empathie zu entwickeln und emotionale Bindungen eingehen zu können, bleibt ihnen die Freude oder Befriedigung verwehrt, die mit Nähe und einer Kooperation mit ihresgleichen verbunden ist. Ersatzweise suchen sie sich andere Quellen von Befriedigung, etwa mechanischen Sex, extremen Nervenkitzel, Status oder Macht.

Ein grundlegendes Misstrauen kann leicht zu impulsiven Ausbrüchen führen …

Ein globales Entwicklungsdefizit führt oft zu einem grundlegenden Misstrauen anderen gegenüber oder zu einer Geringschätzung ihrer Absichten. Da Beziehungen keine spürbare Unterstützung bieten, wird auf den enormen Stresspegel oft mit impulsiven Ausbrüchen oder ohnmächtigem Kollaps reagiert. Kinder und Erwachsene mit einem globalen Entwicklungsdefizit sind generell nicht in der Lage, irgendeine Verantwortung für Probleme zu übernehmen – ihres Erachtens besteht das Problem darin, dass alle um sie herum eine Zumutung oder verrückt sind.

… Wir können lernen, ohne liebevolle Blicke auszukommen …

Partielles Entwicklungsdefizit ist der Begriff, den wir verwenden, wenn bei einem Kind gewisse Grundbedürfnisse erfüllt wurden und es einige grundlegende Fähigkeiten entwickelt hat, allerdings nicht genug, um in späteren Stadien der emotionalen Entwicklung erfolgreich gedeihen und sich entfalten zu können. Diese Muster entwickeln sich im Allgemeinen infolge einer unzureichenden Fürsorge in den ersten Lebensjahren. Die Eltern hatten vielleicht generell eine eher kühle Einstellung und dachten rein praktisch. Vielleicht schufen sie Betreuungsstrukturen, durch die gesichert war, dass das Kind versorgt wurde. Seine Grundbedürfnisse wurden also erfüllt und es entwickelte in seinen ersten Lebensjahren grundlegende Fähigkeiten rund um die Interaktion mit anderen. Die Eltern boten auch die Unterstützung, die es brauchte, um in der späteren Kindheit bestimmte praktische und kognitive Fähigkeiten zu entwickeln. Im emotionalen Bereich aber fehlte es ihnen daran, das Kind liebevoll anzusehen, es zu trösten, wenn es innerlich in Not war oder Kummer hatte oder Anteil an Freud und Leid des Kindes zu nehmen. Das Kind lernte daraufhin, mit einer Minimalversorgung und minimaler emotionaler Unterstützung auszukommen und passte sich an eine stark gedämpfte Gefühlspalette an – wie es vermutlich auch seine Eltern schon als Kinder taten. Gepflogenheiten bei der Kindererziehung werden gängiger Weise von Generation zu Generation weitergegeben.

Ein anderes Szenarium sähe so aus, dass das Kind zwar einfühlsame Fürsorge erfuhr, allerdings nur beschränkt auf bestimmte Arten von Emotionen. Wenn die Eltern sich nur dann wohlfühlten, wenn das Kind fröhlich war, dürfte es dem Kind schwer fallen, Emotionen wie Traurigkeit, Wut oder Ängste bei uns selbst als auch bei anderen zu erkennen oder zu regulieren. Wenn die Eltern das Kind andererseits hauptsächlich dann beachteten, wenn es traurig oder aufgebracht war, werden das die Gefühle sein, die ihm vertraut sind und mit denen es sich in späteren Beziehungen zu identifizieren vermag.

… und wenn wir hauptsächlich dann Aufmerksamkeit bekamen, wenn wir traurig waren, wird das die Emotion sein, die wir in erster Linie verspüren und anderen mitteilen.

Diese Reaktionsmuster sind so grundlegend, dass sie die Mentalisierungsfähigkeit beeinträchtigen. Da die elementaren sozialen Kompetenzen präverbaler Natur sind und schon gelernt werden, bevor wir zwei Jahre alt sind, kann jemand auf diesen Gebieten weitreichende Defizite aufweisen und dennoch überaus intelligent und wortgewandt sein.

Ein partielles Entwicklungsdefizit kann auch auf die spätere Kindheit und Jugend zurückgehen. Etwa bei häufigen Umzügen der Familie, durch die nie die Chance bestand, tiefere Freundschaften zu Gleichaltrigen zu knüpfen. Oder Kindheit und Jugend waren vielleicht von einer schweren Krankheit in der Familie überschattet. Vielleicht war das Kind von Natur aus etwas schüchtern und erhielt nie genug Rückhalt von Erwachsenen, um die Fähigkeit zu entwickeln, mehr in den Vordergrund zu treten oder etwas Neues auszuprobieren. Oder die Eltern waren vielleicht derart überfürsorglich auf die Rechte des Kindes bedacht, dass es nie gelernt hat, sich an Regeln zu halten und Rücksicht auf andere zu nehmen. Vielleicht haben gesundheitliche Probleme verhindert, dass das Kind lernen konnte, sich mit Gleichaltrigen zusammen Spiele und Spielregeln auszudenken.

Damit kommen wir zu einem wichtigen Punkt: Eine fehlgeschlagene Entwicklung und eine traumatische Dissoziation können nach außen hin sehr ähnlich wirken. Beides kann emotionale Distanziertheit und Hypersensibilität nach sich ziehen, und es existiert zwar enorm viel an Literatur über Stress und Trauma, globale Entwicklungsdefizite jedoch werden selten beschrieben. Was allzu leicht zu der Annahme führt, es gäbe in der Erstarrung ‚eingefrorene' Persönlichkeitsressourcen, die nur darauf warteten, entdeckt zu werden und sich nach Aufarbeitung des Traumas ganz natürlich entfalten würden. Das Problem bei einem globalen Entwicklungsdefizit ist allerdings, dass es gar keine solchen verborgenen oder eingefrorenen Ressourcen gibt. Hinter der Fassade ist nicht mehr als das, was man sieht. Vorwärts geht es nur, indem die Ressourcen und Fähigkeiten entwickelt werden, für deren Entwicklung ursprünglich die Unterstützung fehlte – und das braucht Zeit.

Nehmen wir uns einen Moment Zeit für eine Metapher, die hilft, die drei Reaktionen auf Stress voneinander abzugrenzen. Stellen wir uns die Persönlichkeit als einen Pullover vor. Bei einer *Regression* ist der Pullover völlig aus der Fasson geraten und muss nach der nächsten Wäsche erst einmal in Form gezogen werden. Bei einer *traumatischen Dissoziation* klafft im Pullover ein großes Loch, das erst einmal geflickt werden muss, und dabei muss so einiges an Laufmaschen aufgenommen werden. Bei einem *globalen Entwicklungsdefizit* müssen wir ganz von vorn anfangen und zunächst einmal Wolle zu Garn spinnen, während wir bei einem *partiellen Entwicklungsdefizit* zwar vielleicht nur einen halben Pullover vor uns haben, aber das ist immerhin ein Anfang.

Ebenfalls wichtig ist schließlich noch, nicht zu vergessen, dass einige Menschen mit allen Stressfaktoren und Stressreaktionen gleichzeitig zu kämpfen haben – mit globalen oder partiellen Entwicklungsdefiziten, Trauma, regressiven Reaktionen, Kulturschock, einem Fehlen von relevanten Kompetenzen und Sprachkenntnissen plus einem Mangel an Bindungsbeziehungen und Status. So die tragisch häufige Situation für Flüchtlinge und andere, die es umständehalber in eine völlig andere Kultur verschlägt. Sie sprechen vielleicht nicht die Sprache, die in ihrer neuen Umgebung gesprochen wird und bringen keine der Fähigkeiten mit, die dort zählen. Oft haben sie keine Freunde und niemanden aus dem weiten familiären Umfeld um sich. Am Arbeitsplatz – vorausgesetzt, sie haben es überhaupt geschafft, einen Job zu bekommen – finden sie sich am untersten Ende der Lohnskala wieder. das Gleiche gilt für die soziale Situation. Neben den unmittelbaren Schwierigkeiten lasten vielleicht ein Trauma sowie eine emotional entbehrungsreiche Kindheit auf ihnen. Diese Kombination findet sich recht häufig bei einigen der Flüchtlinge, die Krieg und Hunger zu entkommen und sich im Westen ein neues Leben aufzubauen suchen.

Wir können gleichzeitig mit globalen Entwicklungsdefiziten, kultureller Dissoziation und traumatischer Dissoziation zu kämpfen haben …

Das optimale Herangehen an die Therapie oder die soziale Interaktion wird bei komplexen Stress- und Traumabedingungen von Person zu Person variieren. Untersuchungen auf der ganzen Welt haben gezeigt, dass zwei der hilfreichsten Elemente, die Menschen helfen, nach Katastrophen und Traumata wieder auf die Beine zu kommen, Bindungserfahrungen und das Gefühl sind, selbst bestimmte Dinge in die Hand nehmen zu können: die Zugehörigkeit zu einer sozialen Gemeinschaft und genug Unterstützung, um dahingehend aktiv werden zu können, die eigene Situation zu verbessern. Beides erfordert Rückhalt bietende Beziehungen zu anderen. Im nächsten Kapitel betrachten wir also die beiden sozialen Lernzusammenhänge, nämlich *symmetrische* und *asymmetrische Beziehungen*.

… und müssen dennoch einen Weg finden, uns in der Fremde ein neues Leben aufzubauen, ohne über vorausgesetzte elementare Fähigkeiten zu verfügen, die dort über Zugehörigkeit und Nützlichkeit entscheiden.

KAPITEL 3

Symmetrische und asymmetrische Beziehungen

Für eine gesunde Entwicklung brauchen wir sowohl *symmetrische* als auch *asymmetrische Beziehungen*. In symmetrischen Beziehungen sind die Beteiligten in gleichem Maße für die Beziehung verantwortlich und dementsprechend mehr oder weniger auf sich selbst gestellt. Das gilt zum Beispiel für das soziale Lernen unter Kindern und Jugendlichen. Die Fähigkeit zu einem wechselseitigen Austausch mit Gleichaltrigen entsteht etwa im Alter von 2 Jahren, wenn Kinder – anfangs noch angeleitet und beaufsichtigt von Erwachsenen mit anderen Kindern zu spielen beginnen und lernen müssen, Bonbons und Spielsachen mit anderen zu teilen.

Teilen fällt schwer, wenn man 2 oder 4 Jahre alt ist – und manchmal sogar auch noch im Erwachsenenalter.

Mit zunehmender Reife wächst die symmetrische Verantwortung. Als Teenager sind wir stärker dafür verantwortlich, auf uns selbst aufzupassen und vernünftig zu handeln als in jüngeren Jahren. Junge Menschen müssen in der Lage sein, Menschen in ihrem Umfeld zu unterstützen, wo es angebracht ist und in zumutbarem Umfang ihrerseits bestimmte Dinge von ihnen zu verlangen. Und sie müssen imstande sein, zum Aufbau gut funktionierender Gruppen beizutragen. Im Laufe der Zeit rücken symmetrische Beziehungen zunehmend in den Mittelpunkt, während wir Bindungsbeziehungen zu anderen aus unserer Klasse, unserer Mannschaft oder unserer Clique, zu unserem Freund oder unserer Freundin, und dann als Erwachsene zu unseren Kolleginnen und Kollegen, unseren eigenen Eltern und erwachsenen Kindern entwickeln.

In einer asymmetrischen Beziehung trägt eine Seite die primäre Verantwortung. So zum Beispiel ist eine Betreuungsperson für ein Kind verantwortlich.

Eltern wie auch ErzieherInnen kommt die Aufgabe zu, eine Hierarchie zwischen den Generationen zu begründen und ein förderliches Umfeld für die Entwicklung und das Wohlergehen der ihnen anvertrauten Kinder zu schaffen. Asymmetrische Beziehungen erledigen sich auch nicht in späteren Lebensjahren – sie bestehen in der gesamten Teenager- und Erwachsenenzeit fort. Im Miteinander mit einem lebensklugen Mentor oder Lehrer, einem Coach oder Psychotherapeuten können wir tiefgreifende Erkenntnisse gewinnen. Wir können uns liebevolle und lebenskluge Menschen suchen, die uns vorleben, auf welche Weisen unser Leben mehr von all dem bereithalten könnte, wonach wir uns sehnen – ob es Freude ist, Liebe, geistige Offenheit, klare Grenzen oder andere Qualitäten. Mit zunehmender Reife übernehmen wir vielleicht auch selbst die Rolle eines Mentors oder Lehrers für andere und sammeln so Erfahrung damit, wie es ist, in einer asymmetrischen Beziehung Autorität und Verantwortung zu haben.

In schwierigen Zeiten können wir uns Hilfe von zugewandten und lebensklugen Menschen und sie sogar als Vorbilder verinnerlichen.

Selbstwirksamkeit – als Vorbilder beherrschen, was wir vermitteln

Wir können anderen unmöglich etwas beibringen, was wir selbst nicht beherrschen. Wenn wir dafür verantwortlich sind, dass andere etwas lernen, müssen wir die entsprechende Fähigkeit zunächst einmal selbst auf einem höheren Niveau meistern als unser Gegenüber. Bei der emotionalen Entwicklung beschreibt der Begriff der *Selbstwirksamkeit* genau diese Fähigkeit, zu erkennen, dass die eigene Person und die eigenen Fähigkeiten Ressourcen sind, die anderen bei ihrem Lernprozess helfen. Wenn wir jemandem Tanzen beibringen möchten, müssen wir zunächst einmal selbst die Schritte können. Außerdem müssen wir Tanzpartner sein, mit denen Tanzen Spaß macht und zur aufregenden Neuentdeckung wird. „Orientiere dich an dem, was ich sage, nicht an dem, was ich mache", funktioniert nicht. Lediglich die Schritte zu beschreiben, reicht nicht. Das Gleiche gilt für soziale Kompetenzen. Es reicht nicht, sie erklären zu können. Es ist nicht einmal damit getan, sie demonstrieren zu können. Vielmehr müssen wir solche mit anderen zusammen durch lebendige Interaktionen aufbauen, um die Voraussetzungen für die Harmonie und den Rhythmus eines wechselseitigen Kontakts zu schaffen.

Was wir zu tun glauben, deckt sich nicht immer mit der Wirklichkeit …

Die meisten von uns haben gar keine rechte Vorstellung von unseren sozialen Kompetenzen. Ebenso wenig erinnern wir uns, wie wir sie erworben haben. Das liegt daran, dass wir die elementarsten Fähigkeiten in Sachen Interaktion im Miteinander mit unseren Eltern und Spielgefährten schon erwerben, bevor wir 3 bis 4 Jahre alt sind. Da die meisten nur verschwommene Vorstellungen davon haben, welche Fähigkeiten hier überhaupt gefragt sind, tun wir uns schwer, die eigenen Stärken und Schwächen zu beurteilen. Ebenso schwierig ist es also, Stärken und Schwächen bei anderen auszumachen und zu wissen, auf welcher Lernstufe sie sich befinden.

Unser nonverbales Bewusstsein speichert unsere de facto stattfindenden Interaktionen mit anderen, während unser verbales Bewusstsein sie in Worte fasst. Mit etwas Glück decken sich diese Worte mit dem nonverbal Erlebten, aber oft tun sie es nicht. Dementsprechend wichtig ist es, den Mut aufzubringen, die eigenen Interaktionsfähigkeiten näher zu erkunden. Wir können daraus ein Spiel machen oder eine Entdeckungsreise, bei der wir etwas über uns selbst herausfinden. Etwa, indem wir Videosequenzen von uns beim Umgang mit anderen aufzeichnen – sowohl in Situationen, wo wir in der Rolle der Verantwortlichen sind als auch in ebenbürtigen, symmetrischen Beziehungen. Am besten dürften sich die Interaktionen mit professioneller Hilfe auswerten lassen, wobei die Beobachtungen dann auch gleich besprochen werden können. In den späteren Kapiteln zum Verlauf unserer Entwicklung werden einige der Fähigkeiten angeführt, die sich auf diese Weise ausloten lassen.

… und diese Diskrepanz zu erkennen, kann ein böses Erwachen bedeuten.

Die eigenen Lernmöglichkeiten: unsere proximale Entwicklungszone

Wenn wir von sozialen Kompetenzen sprechen – unseren eigenen, denen eines Kindes oder von anderen Erwachsenen – taucht immer wieder die Frage auf: Wo setzen wir an? Wo verläuft die ‚proximale Entwicklungszone'?

Bei näherem Hinsehen wird die Entwicklung sozialer Kompetenzen im Großen und Ganzen von den gleichen Prinzipien vorangetrieben wie die Entwicklung der Sprachkompetenz. So gilt etwa:

- Wie die Sprache entwickeln sich auch soziale Motivationssysteme durch Interaktion mit anderen Menschen.
- Wie die Sprache werden auch Motivationssysteme von jeder Person anders eingesetzt. Außerdem hat jeder Mensch auf einigen Gebieten mehr Ressourcen und auf anderen weniger.
- Wie auch beim Spracherwerb lernen Kinder zunächst einmal, einfache Formen des Austauschs zu bewältigen und gehen dann später zu komplexeren über.
- Sowie für den Spracherwerb als auch für die sozialen Motivationssysteme gilt, dass auf die einmal erlernten elementaren Fähigkeiten im gesamten restlichen Leben zurückgegriffen wird. Sie sind die Bausteine für komplexere Fähigkeiten.

So zum Beispiel beginnen wir schon als Baby damit, uns bei der Kommunikation mit einem Gegenüber abzuwechseln. Dies geschieht etwa, indem wir eine Initiative starten, um dann still zu verharren und genau zu verfolgen, wie das Gegenüber reagiert. Dabei machen unser Körper und unser Gesicht spontan jede Menge minimaler Bewegungen, die Zustimmung und Bestätigung ausdrücken. Das halten wir unser gesamtes Leben hindurch so, meist ohne sonderlich darüber nachzudenken – es sei denn, die Kommunikation geht einmal völlig daneben. Letzteres kann einfach daher kommen, dass die von uns erworbenen sozialen Fähigkeiten sich vielleicht so massiv von denen des anderen unterscheiden, dass wir einander missverstehen. Dieser mag es gewohnt sein, dass es Zustimmung bedeutet, wenn er schon das Wort ergreift, bevor wir unseren Satz beendet haben, für unser Gefühl aber lässt er uns nicht ausreden. Eine Fähigkeit wie etwa die, sich durch kurzen Blickkontakt zu vergewissern, was das Gegenüber von einer Situation hält, läuft bei manchen Menschen vollkommen automatisch ab, anderen dagegen ist sie völlig fremd. Wie wir sprechen, unser Tonfall, unsere Mimik und Körpersprache haben einen enormen Einfluss darauf, wie andere Interaktionen mit uns erleben.

Wie andere uns wahrnehmen, wird mehr davon bestimmt, wie wir uns ausdrücken als von dem, was wir tatsächlich sagen.

Unsere Entwicklung endet nicht mit der Kindheit. Alle Entwicklungsstadien, die wir in Kindheit und Jugend durchlaufen, existieren auch in einer Erwachsenenversion. Ebenso wie das abwechselnde Übernehmen des aktiven Parts etwas ist, aus dem wir nie herauswachsen, legen wir auch andere elementare Fähigkeiten nicht irgendwann einfach ab. Zudem kann noch nicht Gelerntes später noch hinzugelernt werden, und an dem, was wir gelernt haben, können wir jederzeit noch weiter feilen. Soziale Kompetenzen sind zu jedem Zeitpunkt unseres Lebens erweiterbar.

Wann immer wir jedoch etwas lernen wollen, was es auch sein mag, müssen wir auf dem Niveau anfangen, auf dem wir uns befinden. Hier bewegen wir uns in der sogenannten *proximalen Entwicklungszone* oder *Lernzone*. Unsere Lernzone umfasst Fähigkeiten, die nur einen Schritt über das hinausgehen, was wir bereits beherrschen. Das mag selbstverständlich klingen, aber oft richten wir den Fokus ja auf etwas, das wir nicht können, nach dem Motto: „Das musst du aber unbedingt lernen!!" (z.B. dich an Smalltalk zu erfreuen oder ein guter Zuhörer zu sein.). Leider sagt dieses Lernziel ja nichts über unser Ausgangsniveau aus. Emotionale Kompetenzen etwa können wir unabhängig von unserem biologischen Alter nur auf Grundlage des bereits erreichten Niveaus entwickeln. Hier ist es die Aufgabe eines Mentors oder einer Mentorin, Wege zu finden, Aktivitäten, die in die Lernzone der lernenden Person fallen, mit Sinn zu füllen. Das Idealziel für soziale Fähigkeiten mag himmelweit entfernt von ihrem tatsächlichen aktuellen Stand sein. In der Mentorfunktion gilt es zunächst einmal zu ermitteln, welches Niveau die Person in ihrem Lernprozess bereits erreicht hat, um die Lernzone näher einzugrenzen. Was kann sie bereits? Darauf wird der nächste Schritt aufgebaut. Liegt eine Aktivität oder ein Spiel, das soziale Kompetenzen fördert, innerhalb ihrer Lernzone, wird sie das Ganze als spannende Herausforderung erleben. Sie muss sich etwas anstrengen, um die Aufgabe zu meistern und erringt dabei große und kleine neue Siege, während sich die Beziehungsfähigkeit verbessert.

Vier Dimensionen von Interaktionen innerhalb der Lernzone

Zu den Idealvoraussetzungen für das Erlernen sozialer Fähigkeiten gehört eine ausgewogene Mischung von *Struktur*, *Engagement*, *Förderung* und *Herausforderung* bei den entsprechenden Interaktionen. Bei symmetrischen Beziehungen wie den zwischen Kindern oder Jugendlichen auf demselben Reifestand sind die Beteiligten gemeinsam dafür verantwortlich, eine Balance zwischen diesen vier Dimensionen herzustellen. In asymmetrischen Beziehungen dagegen ist die Person, die als Mentor oder Lehrer fungiert, dafür verantwortlich, die Voraussetzungen für die folgenden Aspekte der Interaktion zu schaffen:

- *Struktur*: Die Lehrperson bestimmt brauchbare Abläufe und befriedigende Arten von Interaktion und sorgt dafür, dass diese konsequent eingehalten werden. Dieser Rahmen ist vertraut und berechenbar. Der Lehrer oder die Lehrerin schafft in der Interaktion Gelegenheiten, sich miteinander zu synchronisieren und sorgt dafür, dass abwechselnd einmal die eine Seite und einmal die andere den aktiven Part übernimmt.

- *Engagement*: Die Lehrperson hat Freude an der Interaktion, ist begeistert bei der Sache und bringt Freude und Begeisterung auch zum Ausdruck. Sie sorgt für Interaktionen und Aktivitäten, bei denen die Lernenden ebenfalls Gefühle dieser Art erleben können.

- *Förderung*: Die Lehrperson zeigt, dass ihr die Lernenden am Herzen liegen, sei es, indem sie bei einer Tasse Tee ein paar freundliche Worte mit ihnen wechselt oder indem sie Mitgefühl zeigt, wenn Lernende unglücklich oder aufgelöst sind. In vielen Stadien der Entwicklung kann es auch darum gehen, dass mit anderen fürsorglicher umzugehen ist, also kann es auch angebracht sein, dass die Lehrperson gezielt entsprechende Fürsorge vom Lernenden annimmt.

- *Herausforderung*: Die Lehrperson bietet angemessene Herausforderungen und optimiert sie so, dass sie die Lernzone der lernenden Person nicht übersteigen.

Um abzuschätzen, in welchem Umfang jemand über soziale Kompetenzen verfügt, braucht der Lehrer oder die Lehrerin ein Verständnis der einzelnen Gebiete, auf die sich solche sozialen Fähigkeiten beziehen sowie der Entwicklungsschritte auf dem Weg dorthin. Um diesen Prozess in Gang zu setzen, widmen wir das nächste Kapitel den fünf Gebieten, auf die die sozialen Kompetenzen sich beziehen: den sozialen Motivationssystemen.

KAPITEL 4

Die sozialen Motivationssysteme

In der Einleitung haben wir fünf soziale Motivationssysteme umrissen:

- Bindung
- Spiel und Kooperation
- Hierarchie und Status
- Geschlechtsidentität
- Mentalisierung (die Fähigkeit zu einem empathischen Verständnis für sich selbst und andere)

In diesem Kapitel werden wir nun detaillierter auf sie eingehen, damit wir sie später durch die Entwicklungsstadien hindurch verfolgen können.

Bindung

Bindung vermittelt uns das Gefühl von Geborgenheit, das wir in unseren ganz nahen Beziehungen lebenslang erleben. Primäre Bindungsmuster entstehen bereits im ersten Lebensjahr, und jeder Mensch kommt mit dem Bedürfnis auf die Welt, Bindungen mit den Erwachsenen einzugehen, die sich um ihn kümmern. Eine sichere Bindung an die Eltern bietet Kindern eine stabile Basis, die ihnen erlaubt, sich in die Welt hinaus zu wagen und aufregende Begegnungen mit anderen Kindern zu erleben. Von seinen Abenteuern kehrt das Kind immer wieder zur sicheren elterlichen Heimatbasis zurück, um sich einen Moment lang emotionale Rückversicherung oder Trost zu holen. Sobald das Kind soweit ist, hilft die Mutter oder der Vater ihm, sich wieder aufzumachen, größere Weiten der Welt zu erkunden. Dieser mit Bindung zusammenhängende Vorgang, zwischen dem sicheren Beziehungshafen und den Herausforderungen der Welt hin und her zu pendeln, setzt sich durch das gesamte weitere Leben fort – in Freundschaften, Partnerschaften, im Kollegenkreis und schließlich mit den eigenen Kindern.

Wenn ein Kind sich angesichts einer Herausforderung unsicher fühlt, wird es sich durch Blickkontakt mit einem Elternteil oder einem Freund oder einer Freundin Bestätigung holen, um sich zu vergewissern, wie der oder die andere die Situation sieht. Dieser Blickkontakt wird als *soziale Referenzierung* bezeichnet und bleibt wie alle anderen früh entwickelten Kompetenzen in Sachen Kontakt mit anderen lebenslang fortbestehen. Wenn in unserer Umgebung etwas geschieht, das uns erschreckt oder bewirkt, dass wir uns unwohl fühlen, suchen wir Blickkontakt – im Idealfall mit einer Person unseres Vertrauens, notfalls aber auch mit Fremden. Soziale Referenzierung zählt zu den Mechanismen, die Zusammenhalt innerhalb einer Gruppe aufbauen. Wir wechseln Blicke mit den Menschen, denen wir uns verbunden fühlen – und umgekehrt trägt der Austausch von Blicken auch dazu bei, ein Verbundenheitsgefühl zu schaffen.

Ein weiterer Aspekt sicherer Bindung ist die Fähigkeit zur Wieder*einstimmung*, das heißt, zum Wiederherstellen des Verbundenheitsgefühls nach einem Bruch oder Konflikt in der Beziehung, *Fehleinstimmung* genannt. Wenn wir die Erfahrung machen, dass *Fehleinstimmungen* sich wieder auflösen und beheben lassen, wächst unsere Sicherheit. In der Tat ist die Fähigkeit zur Wiedereinstimmung eine der beiden wichtigsten Bausteine zur Entwicklung von Urvertrauen im Leben. Der andere ist die Fähigkeit, zwischen Nähe und Unabhängigkeit wechseln zu können.

Wenn uns etwas erschreckt oder beunruhigt, suchen wir den Blickkontakt mit jemandem, dem wir uns verbunden fühlen.

Unsichere Bindungsmuster entstehen bei Defiziten in primären Beziehungen. Was Eltern selbst nie bekamen und nicht haben, können sie auch einem Kind nicht geben. Schwere Belastungen, etwa durch langwierige massive gesundheitliche Probleme, können die Familienbande gravierend schädigen, und das mitunter für Generationen. Auch gesellschaftliche Ausgrenzung und Mobbing in der Familie oder einer Peergroup können zu einer tief sitzenden und bleibenden Unsicherheit in Sachen Zugehörigkeitsgefühl führen.

Selbst bei einem sicheren primären Bindungsmuster werden wir im Allgemeinen aufgrund von unsicheren Bindungsinteraktionen, die wir in unserem Leben unweigerlich auch bereits erlebt haben, durchaus das Gefühl kennen, das unsichere Bindungserfahrungen begleitet. Sofern die sicheren Interaktionen gegenüber den unsicheren überwogen, werden sie keinen prägenden Einfluss auf unser primäres Erleben enger Beziehungen sowie unser Daseinsgefühl auf der Welt haben. Sicherheit schafft Sicherheit, und Unsicherheit wird zur Brutstätte von noch mehr Unsicherheit.

Wenn Kinder und Jugendliche anderen begegnen, ist ihre Kontaktaufnahme tendenziell von den Bindungsmustern bestimmt, die sie in ihrer Familie erworben haben. Allerdings können in Kindheit und Jugend durch das Zusammensein mit Spielgefährten und Freunden, durch Liebesbeziehungen und Gruppenzugehörigkeiten auch neue Bindungserfahrungen entstehen. Ab einem Alter von 6 bis 9 Jahren verschmelzen verschiedene Bindungsmuster zu einem bestimmten primären Muster – der zu diesem Zeitpunkt besten Möglichkeit, die das Kind für den Umgang mit anderen gefunden hat. In Stresssituationen jedoch wird oft ein sekundäres und weniger gut funktionierendes Bindungsmuster die Oberhand gewinnen. Werfen wir einen schnellen Blick auf sichere und unsichere Bindungsmuster im Teenageralter.

Bei einem *sicheren Bindungsmuster* fühlen wir uns in einer engen Beziehung sicher und gleichzeitig auch wohl damit, etwas alleine zu unternehmen. Wir sind realistisch und zuversichtlich, wenn es darum geht, auftretende Konflikte mit uns wichtigen Menschen lösen zu können.

Bei einem *unsicher-vermeidenden Bindungsmuster* fühlen wir uns am wohlsten in einer Beziehung, die sichere Distanz oder viel Raum für Andersartigkeit bietet. Nähe wird schnell als erdrückend oder überwältigend erlebt, und auf Konflikte reagieren wir womöglich eher abweisend.

Bei einem *unsicher-abhängigen Bindungsmuster* fühlen wir uns in einer Beziehung am wohlsten, wenn wir die meiste Zeit mit dem anderen zusammen sind und alles mit ihm teilen. Unterschiede und voneinander getrennt zu sein werden als bedrohlich erlebt. Auf Konflikte reagieren wir womöglich mit einem intensiven Bedürfnis nach Nähe.

Bei einem *unsicher-ambivalenten Bindungsmuster* fühlen wir uns am ehesten in einer Beziehung wohl, die zwischen intensiver Nähe und heftigen Konflikten schwankt. Ein Mangel an Intensität hat etwas Bedrohliches für uns und wir reagieren auf Konflikte womöglich so, dass wir uns Hals über Kopf in sie hineinstürzen wollen, uns aber schwer tun, sie zu lösen.

Bei einem *unsicher-desorganisierten Bindungsmuster* fühlen wir uns nur in einer Beziehung wohl, in der wir die komplette Kontrolle haben. Ein Kontrollverlust wird von uns als Chaos oder sogar als lebensbedrohlich erlebt, und wir reagieren womöglich instinktiv mit plötzlichen Gewaltausbrüchen, Fluchttendenzen, sind gefühlsmäßig wie betäubt oder wir sacken wie ein Häufchen Elend verängstigt in uns zusammen.

Spiel und Kooperation

Alle Säugetiere – der Mensch inbegriffen – erwerben durch Spielverhalten zentrale soziale Kompetenzen. Während Kindheit und Jugend ist das Spielen unentbehrlich, doch selbst für Erwachsene ist es nicht unbedeutend. Beim Spiel aktiviert der Neurotransmitter Dopamin im Gehirn Schaltkreise, die mit Freude in Verbindung stehen. Alles was wir spielerisch lernen, prägt sich stark in unser Gedächtnis ein. Außerdem haben Wissenschaftler herausgefunden, dass das Eintauchen ins Spiel eine großartige Möglichkeit ist, Ängste und Depressionen abzubauen, sowie Freude, Bindung und ein anpassungsfähiges Sozialverhalten anzukurbeln. Der Spieltrieb ist auch eine Triebfeder bei der Arbeit.

Beim Spiel mit den Eltern entwickelt Säugling und Kleinkind die elementaren Bausteine für das spätere Spiel mit anderen Kindern. Frühe Spiele mit Gleichaltrigen sind körperlicher Natur und bestehen aus Nachahmen und abwechselnder Initiative, etwa wie Guck-guck-Spiele, gemeinsames Herumrennen und -hüpfen, Fangen spielen und spielerische Balgerei. Nach und nach beginnen Kinder dann gemeinsam, Aktivitäten nachzuahmen, die sie sich bei Erwachsenen und älteren Kindern abgeschaut haben. Hieraus entwickeln sich Rollenspiele, bei denen Kinder zusammen Geschichten mit verteilten Rollen erfinden. Noch später wiederum nimmt das Spiel strukturiertere Formen an, etwa in Gestalt von Ball- oder Singspielen, bei denen man sich an bestimmte Regeln halten muss.

Durch eine entsprechende Mischung aus abwechselnder Initiative, Nachahmung und kreativen Beiträgen erzeugen die Kinder eine quirlige Energie und jede Menge erlebnisreicher Abläufe, die Spaß machen. Doch das geht nicht immer glatt! Vielleicht ist ein Spielzeug allzu attraktiv, um es mit anderen zu teilen. Vielleicht bringt ein Kind eine Idee ein, mit der das andere nicht einverstanden ist. Vielleicht hält sich eines der Kinder nicht an die Regeln. Vielleicht entsteht bei irgendetwas das Gefühl, es sei absolut unfair. Dann fällt die geteilte Freude wie ein Kartenhaus in sich zusammen und schlägt in Frustration um. Genau denselben Prozess kann man im Leben von Erwachsenen beobachten. Missklänge in der Einstimmung sind genauso heftig frustrierend wie das Spiel spannend ist. Bei Erwachsenen wäre zu hoffen, dass sie solche Konflikte eigenständig regeln, Kinder jedoch brauchen dabei eine Beaufsichtigung durch Erwachsene. Manchmal können sie die Harmonie alleine wieder herstellen, manchmal brauchen sie dabei Hilfe. In diesem Fall muss eine freundliche, aber bestimmte Autoritätsfigur ihnen helfen, eine Lösung zu finden, um wieder ins Lot zu kommen.

Fehleinstimmungen bei gemeinsamen Aktivitäten sind unglaublich frustrierend. Hier brauchen wir als Kinder eine freundliche vermittelnde Autoritätsfigur.

In welchem Alter wir auch sind: der Spieltrieb sorgt dafür, dass wir uns immer wieder neuen, spannenden Herausforderungen stellen. Spielend lernen wir mit anderen zu kooperieren, und aus der Lust am Spiel entwickelt sich nach und nach die Kreativität – im Beruf wie auch im persönlichen Leben. Alle dürften schon einmal die enorme Frustration erlebt haben, die kreative Prozesse wie auch Zusammenarbeit auslösen können. Sich in Erinnerung zu rufen, was für ein wunderbares Gefühl es ist, wenn das Stocken aufhört – ob allein oder mit anderen – kann einem über diese Hürde hinweg helfen. Der Zugang zu der so zentralen Begeisterung für das Spiel, erhöht unsere Fähigkeit zur Wiedereinstimmung und unsere Frustrationstoleranz.

Hierarchie und Status

Alle sozialen Säugetiere stellen gruppeninterne hierarchische Beziehungen her. Das ist nützlich, da es Grundregeln schafft, aufgrund derer alle wissen, welchen Status sie haben, wer Vortritt hat, wer andere herumkommandieren darf und wer aktuell mit wem konkurriert. In der Evolutionspsychologie wird Status als vorrangiger Zugang zu Ressourcen definiert. Unter Kindern und Jugendlichen bedeutet das, dass dann, wenn kein Erwachsener das Kommando übernimmt und sich zuständig fühlt, die Statusbeziehungen innerhalb der Peergroup darüber entscheiden, wer die Regeln bestimmt, wer die leckersten Süßigkeiten herauspicken darf und Rangniedere aus der Gruppe ausschließen kann.

Wie der eigene Status erlebt wird, spiegelt sich in der Körpersprache. Auch wenn es je nach Kultur kleinere Unterschiede gibt im Hinblick darauf, was einen hohen beziehungsweise niedrigen Status signalisiert, wird ein hoher Status im Allgemeinen dadurch zum Ausdruck gebracht, dass die Betreffenden sich größer machen und dass ihre Bewegungen und Mimik Selbstsicherheit vermitteln, während ein niedriger Status sich darin zeigt, sich klein zu machen und gestisch-mimisch zu vermitteln: „Entschuldigung, dass ich hier bin."

Ein hoher Status wird ausgedrückt, indem wir uns größer machen und durch unsere Mimik und Körpersprache Selbstvertrauen signalisieren, und ein niedriger Status, indem wir uns kleiner machen und eine zurückhaltende Mimik sowie Unterwerfungsgesten an den Tag legen. Das Ganze geschieht unbewusst – tun wir es bewusst, ist es weniger wirkungsvoll.

Statuswahrnehmungen werden oft mit Begriffen wie ‚Respekt‘ und ‚Würde‘ umrissen. Jemand kann ‚Respekt einfordern‘ oder ‚sich respektiert fühlen‘. Wir selbst oder andere können ‚etwas Würdevolles haben‘ oder wir können peinlicher Weise ‚das Gesicht (und damit die Würde) verloren haben‘. Man kann seinen hohen Status durch Drohen und aggressives Gebaren zur Schau stellen, oder er kann sich in Güte und in warmherzigen und großzügigen Gesten niederschlagen. Seine ersten Erfahrungen mit Status und Hierarchie macht das Kind in seiner Familie. Im Idealfall kommen seine Eltern mit ihrem überlegenen Status innerhalb der Familie gut zurecht und nutzen ihn dazu, dem Kind einen klaren, fördernden und einfühlsamen Rahmen zu bieten. Basierend auf derartigen Erfahrungen bildet sich seine ‚innere Landkarte‘ aus, die ihm hilft, sich in Statusbeziehungen mit Erwachsenen und Gleichaltrigen in Situationen außerhalb der Familie zurechtzufinden.

Über das innerliche Erleben unseres Status als hoch oder niedrig entscheiden nicht objektive Faktoren, sondern es ist eine Frage der subjektiven Erfahrung. Ein hoher Status ist im Erleben mit einem niedrigeren Stresspegel und höheren *Serotonin*spiegel verbunden. Serotonin ist ein Neurotransmitter, der Wohlgefühle und Ruhe bewirkt. Physiologisch steht ein aggressives oder dominantes Verhalten bei beiden Geschlechtern auch mit einer vermehrten Ausschüttung des männlichen Sexualhormons *Testosteron* in Verbindung. Gleiches gilt für einen höheren Status. Wenn wir einen Wettstreit gewinnen und es verbessert unseren Status, steigt unser Testosteronspiegel. Das wiederum kann Konkurrenzdenken und Dominanzverhalten fördern.

Die Erfahrung, auf der Rangordnung weit unten zu sein, geht mit einem höheren Stresspegel und dem Stresshormon *Kortisol* einher. Physiologisch bewirkt ein niedriger Status, dass wir auf Stresssituationen heftiger reagieren und nach einem Konflikt länger brauchen, um uns wieder zu beruhigen. Es kann sein, dass wir starke Impulse verspüren, Rangniedere anzugreifen, da unser physiologischer Stresspegel dadurch schneller abgebaut wird.

Bislang ging man davon aus, dass Jungen eher geneigt seien, körperlich aggressiv zu agieren, um eine Vormachtstellung zu erreichen, während Mädchen eher mit sozialen Bandagen wie Tratsch oder Mobbing, zu kämpfen schienen. Neuere Untersuchungen zeichnen allerdings ein etwas anderes Bild. De facto setzen Jungen in Statusbeziehungen durchaus häufig soziale Machtmittel ein, Mädchen setzen allerdings tatsächlich selten körperliche Gewalt ein.

Geschlechtsidentität

Die Geschlechtsidentität lässt sich in drei Aspekte untergliedern, die sich zu unterschiedlichen Zeitpunkten entwickeln. Der erste Aspekt ist die *Kerngeschlechtsidentität*, die physische Erfahrung, ein Junge oder ein Mädchen zu sein, die sich bereits pränatal ausbildet und im Alter von 14 Monaten feststeht. Untersuchungen zum Kern der geschlechtlichen Identität und gleichgeschlechtlichen sexuellen Neigungen zeigen, dass eine Veranlagung dazu, sich vom eigenen Geschlecht angezogen zu fühlen, bereits in dieser Phase entstehen kann, jedoch genauso durch spätere Erfahrungen und kulturelle Einflüsse bedingt sein kann. Der zweite Aspekt sind *per-*

sönliche Geschlechterrollen. Das primäre Entwicklungsfenster reicht etwa vom Alter von 2 Jahren bis 10–12 Jahren, obwohl Geschlechterrollen durch die Adoleszenz und das gesamte Erwachsenenleben hindurch veränderbar bleiben. Die eigentliche *Geschlechtsreife* kommt dann in der Pubertät als dritter Aspekt hinzu.

Generell entwickeln sich Jungen als Kinder wie auch als Heranwachsende etwas später als Mädchen. Der präfrontale Kortex ist erst mit über zwanzig voll ausgereift, bei Männern in der Regel etwas später als bei Frauen, obwohl hier signifikante individuelle Unterschiede zu beobachten sind. Die Entwicklung des Gehirns sowie der Persönlichkeit wird durch männliche und weibliche Sexualhormone etwas unterschiedlich beeinflusst.

Männliche Sexualhormone verstärken die Wirkung jener Neurotransmitter, die Energie und Kampfgeist ankurbeln: *Dopamin* und *Adrenalin.* Aus diesem Grund brauchen Jungen oft viel körperliche Betätigung, um ausgeglichen zu sein. Auch geht es bei ihren Spielen eher um ein Kräftemessen mit Einzelnen oder zwischen verschiedenen Teams. Jungen akzeptieren auch eher körperliche Aggression zwischen Gleichaltrigen. Mädchen wiederum sind im Allgemeinen besser in höflicher Heuchelei.

Jungen fällt es meist schwerer als Mädchen, Freude über ein für sie uninteressantes Geschenk zu heucheln.

Die weiblichen Sexualhormone fördern die Ausschüttung von *Serotonin* und *Oxytocin.* Beide haben eine beruhigende Wirkung und fördern Bindung sowie ruhige, angenehme Interaktionen im intimsten Kreis. Außerdem erhöhen sie das Erleben eines ‚Wir-Gefühls' und im Verhalten ein Sich-Abgrenzen von ‚den anderen'. Wenn Mädchen mit anderen Mädchen spielen, suchen sie immer wieder den Blickkontakt. Sie besprechen, was sie tun und achten darauf, wie die anderen mitkommen. Unabhängig vom Alter sitzen Mädchen dichter beieinander und sehen sich häufig direkt in die Augen, während Jungen sich eher so positionieren, dass sie in dieselbe Richtung schauen und sich kaum jemals direkt ansehen. Alles in allem treten geschlechtsspezifische Unterschiede dann am deutlichsten zutage, wenn die Geschlechter voneinander getrennt sind. In gemischten Gruppen fallen individuelle Unterschiede mehr ins Gewicht als geschlechtsspezifische Unterschiede. Dies deckt sich mit wissenschaftlichen Untersuchungen, die zeigen, dass geschlechtsspezifisches Verhalten nur etwa 10% der Verhaltensunterschiede erklärt.

Mentalisierung

Soweit uns bekannt ist, sind wir Menschen die einzigen Lebewesen, die in der Lage sind, Geschichten, *Narrative genannt, über unser Leben und unsere Erfahrungen* zu bilden. Schon während ihres zweiten Lebensjahrs beginnen Kinder, im Spiel Symbole und Sprache zu benutzen und ihre Erfahrungen zu kommunizieren. Bei Kindern wie auch bei Erwachsenen kann das Narrativ mehr oder weniger kohärent sein und mehr oder weniger auf Tatsachen beruhen. Es ist wichtig, zu erkennen und sich zu erinnern, dass die eigenen Narrative und die anderer kein Abbild der objektiven Realität sind, sondern subjektive Erfahrungen wiedergeben.

Mentalisierung ist ein Fachbegriff für den Prozess des Verstehens eigener und fremder Impulse, Emotionen, Gedanken, Erfahrungen und Handlungen sowie der Empathie für diese. Ein populärerer Begriff dafür könnte ‚emotionale Intelligenz' sein, und hierin kann man nur besser werden, indem man mit anderen interagiert. Wenn wir unsere eigenen Erfahrungen mentalisieren, besteht die wesentliche Herausforderung darin, sich aus der eigenen Perspektive herauszubegeben, um ‚sich selbst von außen zu sehen' – nicht wertend, sondern interessiert, verständnisvoll und wohlwollend. Wenn wir im Hinblick auf andere mentalisieren, besteht die wesentliche Herausforderung darin, sich selbst in den anderen hineinzuversetzen – ‚den anderen von innen zu sehen' – und auch das wiederum mit Interesse, Verständnis und Wohlwollen.

Eine gut entwickelte Mentalisierungsfähigkeit ist von Neugier, Humor und Reflexion gekennzeichnet. Wir sind offen für das Unerwartete und Unbekannte, während wir uns gleichzeitig eine gesunde Skepsis bewahren. Wir haben Einfühlungsvermögen und auch ein ziemlich genaues Gefühl dafür, wie ein anderer eine Situation wahrnimmt. Wir sind uns unserer eigenen inneren Reaktionen gewahr und nehmen auch wahr, wie das, was wir sagen und tun, sich auf andere auswirkt. Außerdem sind wir uns innerer Prozesse gewahr und begegnen ihnen mit Neugier: wie das Verhalten durch Emotionen ausgelöst wird, wie Gedanken das Handeln beeinflussen und ob ein Verhalten oder Gefühl unbewusst scheint – bei sich selbst wie auch bei anderen.

Leider bewegt sich jedoch niemand von uns immer auf diesem erhabenen Niveau … wir alle tragen auch Merkmale in uns, die kennzeichnend für frühere Reifestufen sind. Vielleicht fällt es uns schwer, Emotionen zu erkennen. Vielleicht vermischen wir Emotionen, Körperempfindungen und Gedanken. Oder wir sehen nichts als konkrete Handlungen und nur auf sie reagieren wir. Die Gefühle und Absichten anderer nehmen wir nicht wahr oder sie sind uns gleichgültig. Vielleicht sind wir 100% überzeugt davon, dass wir wüssten, was andere wirklich fühlen, was auch immer sie sagen mögen. Vielleicht haben wir keine Gelegenheit gehabt, eine gute Mentalisierungsfähigkeit zu entwickeln, was es erschwert, die eigene Wahrnehmung der Realität an der Wirklichkeit zu überprüfen und zu verstehen, wie unsere Handlungen sich auf andere auswirken.

Nur konkrete Handlungen zu sehen, zu glauben, andere wüssten und dächten dasselbe wie wir und Phantasie mit Realität zu verwechseln – all das sind natürliche Reifestadien, die wir während der Kindheit durchlaufen. Selbst im Erwachsenenalter wird Stress tendenziell eines oder mehrere dieser Muster in uns wachrufen. Niemand kommt mit einer guten Mentalisierungsfähigkeit auf die Welt. Sie ist das zuletzt entstehende menschliche Motivationssystem, und dieser Prozess kann während des gesamten Lebens weiter fortschreiten und sich vertiefen.

Durchschnittliche Mentalisierungsfähigkeiten entstehen in der Regel durch sichere Bindungsmuster. Eine außergewöhnliche Mentalisierungsfähigkeit aber entwickelt sich meist durch weitaus schmerzhaftere Lebensumstände, zu denen sowohl sichere Bindungen als auch heftige Herausforderungen gehörten, die dem Kind oder Jugendlichen das Äußerste abverlangten. Allem Anschein nach reifen wir besonders an harten Erfahrungen – vorausgesetzt, sie fallen noch in unsere Lernzone.

Andere von innen ... und sich selbst von außen sehen ... und das mit Wohlwollen.

Die Verknüpfung von Bindung und Mentalisierung bildet einen zentralen Bestandteil unserer Persönlichkeit. Ein sicheres Bindungsmuster vermittelt uns ein Gespür für uns selbst und befähigt uns dazu, in Krisen Unterstützung zu suchen. Eine gute Mentalisierungsfähigkeit erlaubt uns, schwierige Situationen in einem umfassenderen Kontext zu betrachten und uns mit ihnen zu arrangieren. Das Zusammenspiel von sicherer Bindung und Mentalisierungsfähigkeit verleiht uns die Kraft und Flexibilität, mit schmerzhaften Erfahrungen umgehen zu können.

Soweit unser Überblick über die sozialen Motivationssysteme. In den folgenden drei Kapiteln skizzieren wir ihre schrittweise Entwicklung. Jedes Kapitel befasst sich mit einer der drei Hauptphasen der Sozialisation: dem Vorschulalter (2–6 Jahre), dem Grundschul- und Unterstufenalter (6–12 Jahre) und der

Adoleszenz (12–20 Jahre). Dabei ist es wichtig, zu begreifen, dass jede der in den nachfolgenden Kapiteln beschriebenen Entwicklungsebenen mit einer Treppenstufe zu vergleichen ist. Das Ziel besteht nicht darin, die Treppe möglichst schnell nach oben zu flitzen und dann dort zu verweilen, sondern jede einzelne Stufe nutzen zu können. Auf die in der Kindheit erworbenen Interaktionsfähigkeiten verlassen wir uns auch heute noch tagtäglich.

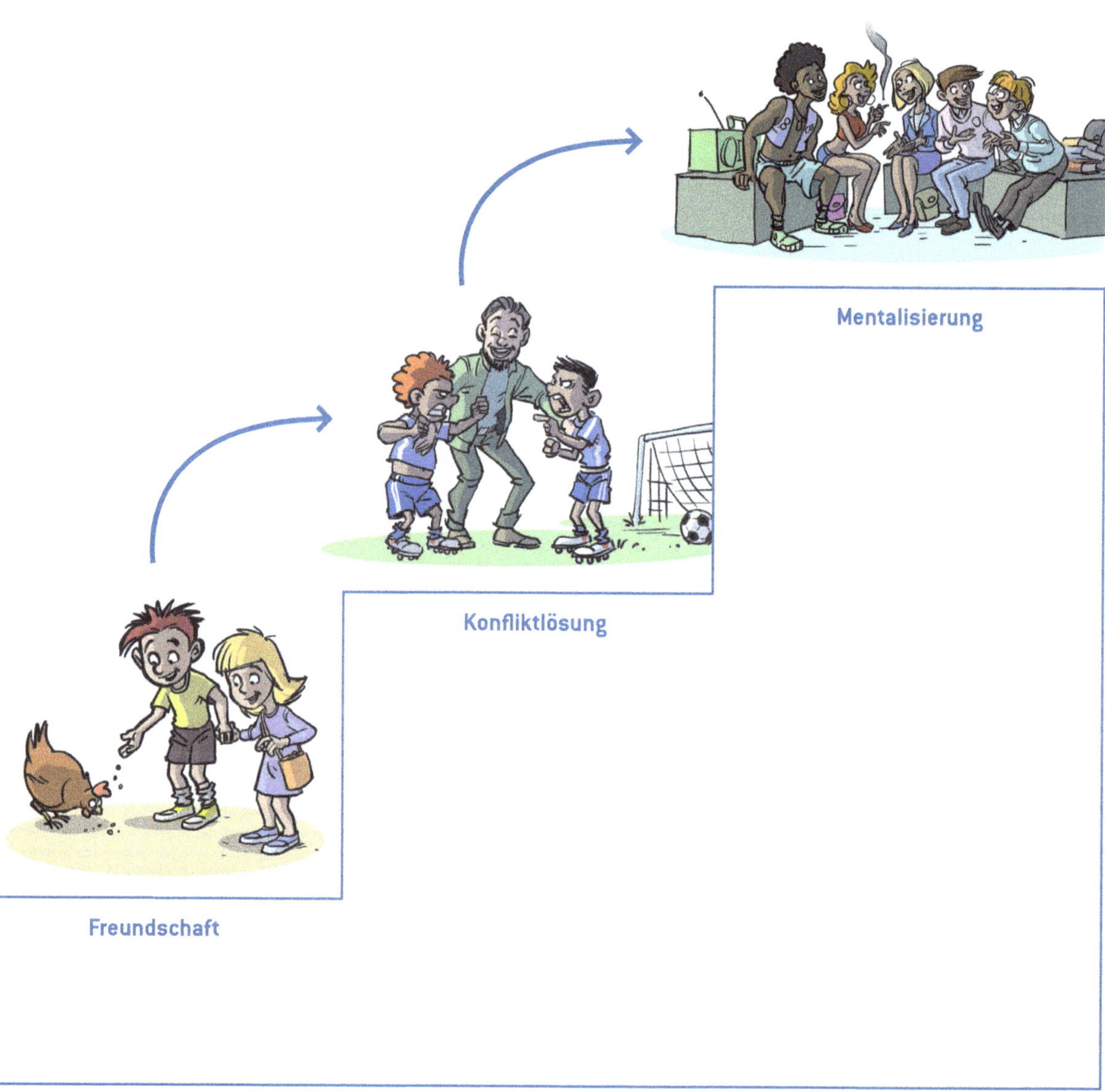

KAPITEL 5

Phantasie, Rollen und soziale Codes

Die Entwicklung der Persönlichkeit im Alter von 2 bis 6 Jahren

Im Alter zwischen 2 und 6 Jahren vollzieht sich mit Blick auf die sozialen Kompetenzen des Kindes ein wesentlicher Wandel. Mit unter 2 Jahren unterhält das Kind hauptsächlich Beziehungen zu Erwachsenen und erlernt bestimmte Aspekte des Sozialverhaltens von ihnen. Dann aber gewinnen Interaktionen mit anderen Kindern rasant eine viel größere Bedeutung. Hinzu kommt, dass das Kind nun seine Wahrnehmungen und nonverbalen Erfahrungen bezogen auf die Welt mit kognitiven Symbolen in Form von Als-ob-Spielen, Worten, Zeichnungen und Rollenspielen zusammenzubringen beginnt.

Ist das Kind erst einmal in der Lage, Symbole zu verstehen und zu benutzen, vermag ein Objekt oder Wort bereits gemachte Erfahrungen mit dem Gegenstand, für das dieses Symbol steht, wachzurufen: das Kind verfügt über ein *inneres Arbeitsmodell* von ihm. Was bedeutet, dass ein Spielzeughund oder das Wort ‚Hund' im Kind Erlebnisse zu reaktivieren vermag, die es mit einem echten Hund gehabt hat. Die Fähigkeit, völlig in Symbolen und Rollen aufzugehen, ist zentral, da sie unsere Erfahrungen der Realität mit unserer verbalen und kognitiven Landkarte verknüpft. Genau diese Verknüpfung erfüllt Als-ob-Spiele und Worte mit Leben und emotionaler Bedeutung.

Symbole und der Als-ob-Modus lassen sich auf vielen Ebenen verstehen. Am Anfang von Antoine de Saint-Exupérys Klassiker *Der kleine Prinz* beschreibt der Erzähler, ein abgestürzter Pilot, wie er als Kind Erwachsene immer auf die Probe stellte, indem er für sie ein ganz bestimmtes Bild malte und sie fragte, was sie darin sähen. Die meisten antworteten, sie sähen einen Hut. Sie begriffen durchaus, dass er ein Symbol gezeichnet hatte, hatten aber nicht die Phantasie, um tiefer vorzudringen. Der kleine Prinz aber sah mit einem Blick, dass es sich um einen Python handelte, die einen Elefanten verschlungen hatte. Zum ersten Mal hatte der Pilot jemanden gefunden, der seine Sicht der Welt teilte.

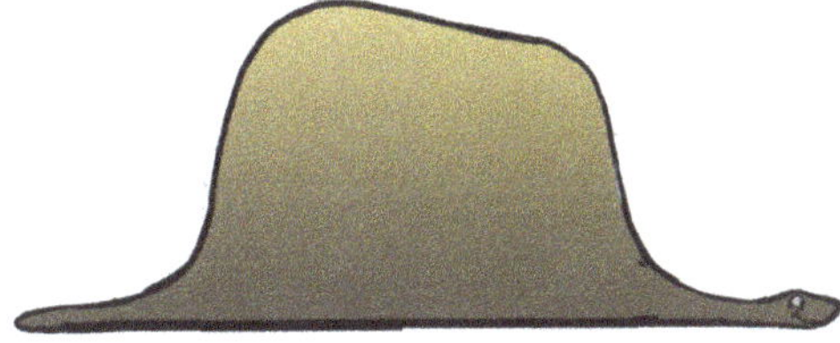

Was sehen – und fühlen – wir beim Anblick eines Symbols? Ist das hier ein Hut …

… oder ein Elefant im Bauch eines Pythons?

Symbole und innere Arbeitsmodelle können viele Dimensionen aufweisen, und für Erwachsene und Kinder gleichermaßen ist die Fähigkeit, innerlich an Erfahrungen mit dem anknüpfen zu können, wofür sie stehen, zentral dafür, sich mit anderen verbunden zu fühlen. Ohne diese Fähigkeiten fehlt uns jede Möglichkeit, über die Gefühle anderer nachzudenken. Ohne sie könnten wir uns nicht mit ausgefeilten Tagträumen über etwas hinwegtrösten – oder mit Phantasien über die perfekte Retourkutsche. Wir könnten uns keine alternativen Auswege vorstellen, wenn wir in einer Sackgasse stecken, beziehungsweise uns keine kreative Lösung für einen Konflikt einfallen lassen. Wir könnten auch nicht die Rollen und Erwartungen entwickeln, die für unterschiedliche Zusammenhänge jeweils angemessen sind. Ohne innere Modelle könnten wir nicht zwischen den unterschiedlichen Verhaltensweisen unterscheiden, die zu Hause, in der Schule und bei außerschulischen Aktivitäten angebracht sind. Oder, nimmt man Beispiele aus dem Erwachsenenleben, zwischen dem Verhalten, das bei der Arbeit, bei Interaktionen mit unseren Kindern und dann angesagt ist, wenn wir mit Autoritätsfiguren wie etwa Ärzten oder der Polizei umzugehen haben.

In unterschiedlichen Rollen benutzen wir Sprache jeweils anders. Linguisten haben herausgefunden, dass sich bei zweisprachigen Menschen mit dem Umschalten auf die andere Sprache Verhalten und Selbstwahrnehmung verändern, was in der Sprachwissenschaft *Code-Switching* genannt wird. Auf die gleiche Fähigkeit greifen wir zurück, wenn wir unser Verhalten an verschiedene soziale Zusammenhänge angleichen. Code-Switching erfordert gute innere Arbeitsmodelle sowie die Beherrschung der unterschiedlichen Interaktions-'Sprachen', die je nach Kontext angebracht sind. Kinder und Erwachsene, die dieses Code-Switching nicht beherrschen, sind hierdurch sozial benachteiligt.

Die Entwicklung des Gehirns im Alter von 2 bis 6 Jahren

Mit 2 Jahren haben die primären sensorischen und motorischen Regionen im kindlichen Gehirn bereits Erwachsenengröße erreicht und die primären neuronalen Verbindungen zwischen den einzelnen Hirnregionen sind hergestellt. Nun setzt auf der Rückseite des Kortex eine neue Reifungswelle ein, dieses Mal in dem für die Verarbeitung visueller Eindrücke zuständigen Zentrum im Hinterhauptlappen sowie in den sensorischen Assoziationsarealen im Scheitellappen. Eine zentrale Entwicklung im Rahmen dieses Vorgangs ist die Ausbildung fettreicher Myelinscheiden, die die Weiterleitung neuronaler Signale beschleunigen, indem sie eine Isolation der leitenden Nervenfasern vom Umgebungsmilieu bewirken; eine weitere ist das Wachstum einer enormen Vielzahl synaptischer Verbindungen, die die neuronale Kommunikation weiter ausdifferenzieren.

Die *Inselrinde (Insula)* im Gehirn wurde gelegentlich als der Sitz der ‚Geist-Körper-Verbindung' bezeichnet. Sie ist immer dann aktiv, wenn Empfindungen, Emotionen und Gedanken in unseren Augen wichtig sind und sie für uns eine gefühlte emotionale Bedeutung haben. Etwa wenn wir ‚einen Kloß im Hals' verspüren oder ‚Schmetterlinge im Bauch' haben. Die Inselrinde hängt auch mit den beiden Hauptkomponenten des Sprachzentrums zusammen, dem

Wernicke- und dem Broca-Areal, die parallel zu der rasanten kindlichen Sprachentwicklung und Entwicklung des Symbolgebrauchs gedeihen. Die Verbindung zwischen Inselrinde und Sprachzentrum verbessert das passive und aktive Sprachverständnis des Kindes und seine Fähigkeit, den emotionalen Ausdruck in Stimmen zu verstehen. Begleitet wird diese Entwicklung von einem erheblichen Ausbau der Verbindungen zwischen den Stirnlappen, die für den Umgang mit innerlichen Repräsentationen, Symbolen, für das Denken und die Impulskontrolle zuständig sind, und den Scheitellappen, die für unsere Selbstwahrnehmung und die Wahrnehmung unserer Umgebung zuständig sind. Auch die Verbindungen zwischen diesem frontoparietalen Netzwerk und der Inselrinde durchlaufen eine beträchtliche Expansion. Die Inselrinde ist zentral für das Erleben von Ekel, der nun durch moralische Bewertung angesichts von Handlungen, die wir als schlecht betrachten, ausgelöst werden kann.

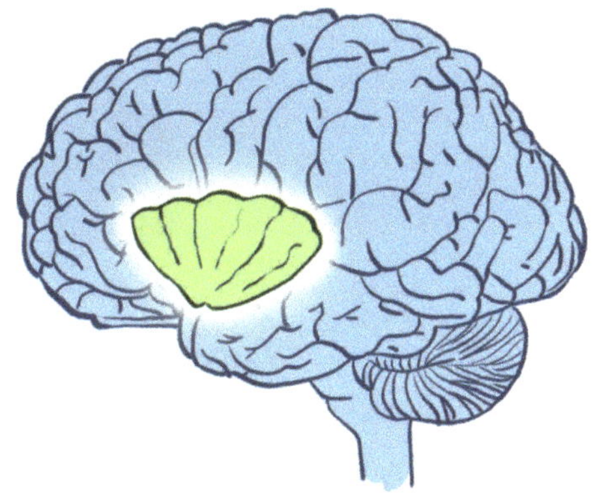

Die Inselrinde – Verbindung zwischen Geist und Körper

2 bis 4 Jahre

Wenn ein Kind mit einem Erwachsenen spielt, gestaltet sich das Spiel asymmetrisch. Die erwachsene Person wird das Kind schonen, indem sie es dem Kind leichter macht und die Aktivität an seine Fähigkeiten und Geschicklichkeit anpasst. Wie alle Säugetiere erlegen Menscheneltern sich selbst ‚Handicaps' auf, um das Kind gewinnen zu lassen und ihm das Gefühl zu vermitteln, der stärkere und fähigere Part von beiden zu sein. Etwa mit 2 Jahren beginnt das Kind jedoch in einer neuen Welt Fuß zu fassen: der von Beziehungen zu Gleichaltrigen, und die Erwachsenen helfen ihm dabei, indem sie sich eher im Hintergrund halten. Im Idealfall macht das Kind nun bei aufregenden Spielen mit seinen Lieblings-Spielkameraden erste Erfahrungen mit symmetrischen Bindungen. Gemeinsam mit den neu gewonnenen Freunden in lebhafte Als-ob-Spiele oder gemeinsame Unternehmungen einzutauchen, ist enorm befriedigend. Freundschaften, die in diesen frühen Kindertagen geschlossen werden, bestehen mitunter jahrelang fort.

Die Bedeutung des Spiels für die soziale Entwicklung kann kaum genug betont werden. Die frühesten Formen des Spiels mit Gleichaltrigen sind körperlicher Natur und oft mit Nachahmung verbunden. Die Kinder rollen vielleicht einen Ball zwischen sich hin und her, hüpfen zusammen auf dem Trampolin auf und ab oder spielen nebeneinander im Sandkasten. Imitation und Wiederholung sind zentral, wenn es darum geht, die Fähigkeiten zu entwickeln, Emotionen zu teilen und seine Aufmerksamkeit auf dieselbe Sache gerichtet zu halten, denn die miteinander spielenden Kinder lernen, das gleiche Spielszenarium im Sinn zu behalten. Nachahmung alleine wird jedoch bald langweilig. Etwa mit 3 oder 4 Jahren werden Improvisation und das Aufgreifen von Initiativen des anderen zum zentralen Spielbestandteil. Wenn das eine Kind aus Bauklötzchen einen kleinen Turm errichtet, greift ein anderes Kind das Thema vielleicht auf und baut einen größeren Turm, während ein drittes Kind die Türme vielleicht miteinander verbindet, um eine kleine Stadt aufzubauen.

Für qualitätvolles Spielen und gute Zusammenarbeit müssen wir in der Lage sein, eine Idee zu haben … … Beiträge anderer aufzugreifen … … und all das zu einem größeren Ganzen zusammenzufügen.

Bei allen Spielen entwickelt sich die Kreativität. Sie bildet den innersten Kern der menschlichen Fähigkeit, im Rahmen größerer Projekte mit anderen zu kooperieren. Das funktioniert jedoch nur, wenn das Gefühl, zu einem gemeinsamen Unterfangen beizutragen, stark genug ist. Überwiegen die Initiativen Einzelner gegenüber dem Teamwork, leidet das Projekt darunter und wird vielleicht fallengelassen. Andererseits wird das gemeinsame Tun ohne genug Initiative der einzelnen Akteure tendenziell langweilig und dann ebenfalls fallengelassen.

Im gemeinsamen Spiel entwickeln Kinder Frühformen von Mentalisierung. Je besser sie imstande sind, die Absichten und Ideen der anderen zu erfassen und aufzugreifen, desto mehr Spaß können sie haben. Bei Singspielen werden zu der Geschichte, die ein Lied erzählt, die entsprechenden Tanzbewegungen und Gesten gemacht, und die Kinder sind zunehmend imstande, sich in die Rollen oder Ereignisse hineinzuversetzen, um die es in dem Lied geht. Etwa mit drei Jahren beginnen Kinder, sich differenzierte Als-ob-Spiele auszudenken. Sie gestalten gemeinsam Phantasiewelten und Narrative, etwa ‚Zirkus spielen' oder einen ‚Bauernhof' aus Legosteinen errichten. Um auseinander halten zu können, was in die fabulierte gemeinsame Welt hineingehört oder was nicht, brauchen sie die Fähigkeit, Ideen anderer zu erfassen und mit ihnen zusammenzuarbeiten. Was passiert, wenn man in die Bauernhof-Geschichte einen Hubschrauber einbaut?

Ist es OK, wenn es auf einem Bauernhof einen Hubschrauber gibt?

Die symmetrische Natur des Spiels mit Gleichaltrigen stellt an Kinder höhere Anforderungen als das Spielen mit Erwachsenen. So zum Beispiel muss das Kind dazu folgendes können:

- den gemeinsamen Fokus auf ein Projekt aufrecht erhalten
- teilen und gerecht teilen
- abwechselndes Ergreifen der Initiative
- Initiativen anderer aufgreifen und auch eigene einbringen
- Frustration über ‚Hänger' im Prozess bewältigen
- sich nach Fehleinstimmungen wieder versöhnen und neu einstimmen können

Kinder, die derartiges nicht einigermaßen beherrschen, laufen Gefahr, ausgegrenzt oder von anderen herumgeschubst zu werden. Symmetrisches Spiel ist ein gnadenloses Terrain für die Sozialisation und das Einüben von Teamfähigkeit, die wir ein Leben lang brauchen werden. Auch für Erwachsene kann es schwer sein, die eigene Sichtweise aufzugeben und offen für die Ideen, Emotionen und Perspektiven anderer zu sein. Es ist mühsam, anderen etwas so erklären zu müssen, dass sie es verstehen und es sie inspiriert, ‚mitzuspielen'. Zum Glück lohnt es die Mühe. Eine unermessliche neue Welt gemeinsamer Aktivitäten tut sich auf, wenn wir besser darin werden, gemeinsame Visionen und geistige Welten zu kommunizieren und zu entwickeln.

Mitunter prallen zwei Als-ob-Welten aufeinander …

Manchmal kann die Frustration für Kinder überwältigend sein. Wenn Sprache und Emotionen bei ihnen ausreichend herangereift und miteinander verflochten sind, mag ein laut ausgerufenes ‚Nein!' reichen, um andere in ihre Grenzen zu verweisen – statt Hauen oder Beißen. Außerdem lernen sie schnell, einen Erwachsenen hinzuzuziehen, um sich dabei helfen zu lassen, eine faire Grundstruktur zu schaffen und wieder ins rechte Fahrwasser zu gelangen.

… es sei denn, es steht jemand bereit, der uns helfen kann, sie auszusöhnen.

Derartige Unterstützung und Fürsorge durch Erwachsene von außerhalb der Familie nährt im Kind das Vertrauen darin, dass in der weiten Welt Hilfe zur Verfügung steht. Gleichzeitig entwickelt es Methoden, um mit Frustration und der Lösung von Konflikten mit Gleichaltrigen zurechtzukommen.

Während dieser Jahre beginnen Kinder auch ein Gespür für Richtig und Falsch zu entwickeln. Schon Vierjährige können sogar zwischen verschiedenen *Arten* von Richtig und Falsch unterscheiden. Sie können diesen Unterschied noch nicht in Worte fassen – es ist ein Bauchgefühl – aber sie verstehen durchaus, dass es zwar nicht ganz richtig ist, beim ‚Bauernhof'-Spielen plötzlich mit einem Hubschrauber anzukommen, dass es aber viel schlimmer ist, einem anderen Kind ein Spielzeug wegzunehmen.

Man kann versehentlich etwas Falsches tun … oder absichtlich.

Die kindliche Mentalisierungsfähigkeit ist jetzt weit genug entwickelt, um die Absicht hinter etwas einzubeziehen. Das bedeutet, dass es ein Unterschied ist, ob jemand absichtlich etwas Falsches gemacht hat oder aus Versehen. Mit Hilfe von Erwachsenen sind Kinder jetzt in der Lage, gemeinsame Grundregeln festzulegen, etwa die Regel, dass alle nett darum bitten müssen, wenn sie ein Spielzeug haben möchten, statt es einfach an sich zu reißen.

Allerdings macht niemand von uns immer alles richtig, selbst wenn wir wissen, was eigentlich richtig wäre. Oft besteht ein Konflikt zwischen dem, wonach uns gerade ist und dem, was wir tun müssen, um mit anderen auszukommen. Auf dieser Altersstufe entwickeln Kinder wichtige neue emotionale Fähigkeiten: ein Gewissen und Schuldbewusstsein. Diese Gefühle können nur dann auftreten, wenn das Kind innerlich ein Gespür für Richtig und Falsch entwickelt hat. Sie halten das Kind davon ab, einfach seinen unmittelbaren Impulsen nachzugeben und zwingen es, das zu tun, was jeweils richtig ist – vorausgesetzt, sie sind stark genug. Gleichzeitig entwickelt das Kind aber auch die Fähigkeit, zu leugnen, dass es etwas Falsches getan hat. Und es lernt, unangebrachte Gefühle zu verbergen, um Bestrafung, Scham oder Schuldgefühle zu vermeiden. Diese Fähigkeit bedeutet de facto erneut eine Erweiterung der kindlichen Mentalisierungsfähigkeit: das Kind begreift, dass auch andere schon einmal lügen, Fehler machen oder etwas Schlimmes tun.

Wer sich selbst schon einmal mit einer Lüge aus einer schwierigen Situation herausmanövriert hat, merkt es leichter, wenn andere lügen.

4 bis 6 Jahre

Mit 4 bis 6 Jahren haben die meisten Kinder Spielgefährten gefunden, mit denen sie regelmäßig spielen und sich besonders gut vertragen. Sie haben Lieblingsspiele und beim Spielen bereits unzählige hochemotionale Erfahrungen durchlebt, von sehr harmonischen bis hin zu enorm konfliktreichen. Auch ihr Zeitgefühl entwickelt sich, und damit ein Gespür für Zusammenhänge zwischen

Ursache und Wirkung. Sie können jetzt dem Handlungsfaden einer Geschichte folgen. Und sie können in Als-ob-Spielen mit anderen Kindern wie auch beim Erzählen von Erlebnissen aus dem realen Leben längere, zusammenhängende Geschichten spinnen.

Freundschaftliche Bindungen an Einzelne bestehen mittlerweile bereits, und daneben entwickelt das Kind jetzt ein Gruppenzugehörigkeitsgefühl – sein Bindungsmuster erweitert sich also und bezieht auch die diversen Gruppen mit ein, denen das Kind angehört.

Auch wenn sowohl Jungen als auch Mädchen Spaß an Ballspielen und Klettergerüsten haben, zeigen sich bei Als-ob-Spielen und Rollenspielen auch Geschlechterklischees. Der Klassiker sind Jungen, die Bausteine, Lego, Playmobil und Co. verwenden, um etwa eine Polizeistation zu bauen oder eine Version von Räuber und Gendarm spielen. Wenn sie sich verkleiden, dann in der Regel als Monster, Zombies oder Superhelden. Typisch für Mädchen sind soziale Spiele, bei denen oft ein Umsorgen im Mittelpunkt steht oder wie irgendjemand Bestimmtes auszusehen. Wenn sich Mädchen verkleiden, dann eher als Prinzessin oder auch als Hexe. Wichtig ist dabei, sich klar zu machen, dass geschlechtsspezifische Stereotypen nicht per se falsch sind. Kinder schauen sich typische Muster aus ihrer Familie und Umgebung ab, etwa aus Filmen, Fernsehsendungen, Computerspielen und sozialen Medien. In Als-ob-Spielen proben sie stereotype Interaktionen und Ausdrucksformen, darunter auch geschlechtsspezifische Rollenklischees. Das gleiche gilt für die Körpersprache – etwa bestimmte Arten, zu gehen, zu stehen und zu sitzen. Solche Stereotypen helfen uns, Verhaltensweisen zu erlernen, die oft mit bestimmten Rollen und bestimmten Situationen verbunden sind. Ein Gefühl für stereotype Muster spielt eine wichtige Rolle beim Beherrschen von Code-Switching.

Stereotype spielerische Aktivitäten schaffen einen gemeinsamen Bezugsrahmen innerhalb unserer Kultur. So können etwa alle einmal aus der Innerschau erleben, wie es sich anfühlen mag, ein Superheld zu sein …

… oder eine Mama.

In reinen Jungen- oder Mädchengruppen drücken Hierarchie und Status sich jeweils unterschiedlich aus. In Jungengruppen gibt es meist einen eindeutigen Anführer, der Befehle erteilt; oft kommt es zu kleineren Rangeleien und spontanen Wettkämpfen. Für die Jungen hat ein klares Ziel und jemand, der eindeutig das Sagen hat, bei Spielprojekten zentrale Bedeutung. Typisch für Mädchengruppen ist der Versuch, Konflikte zu vermeiden. Entscheidungen werden in der Regel getroffen, indem die Mädchen diverse Vorschläge oder Bitten einbringen und einen Konsens auszuhandeln suchen. Oberste Priorität haben Fürsorglichkeit und Nähe.

Der Status in einer Gruppe hängt teilweise von angeborenen Eigenschaften ab. Schon unter Dreijährigen neigen bestimmte Kinder dazu, das Kommando zu übernehmen, während andere eher Mitläufer sind. Untersuchungen haben gezeigt, dass die Anführerinnen oder Anführer schon in diesem Alter große Macht haben, wenn es um die Entscheidung geht, welche Spiele gespielt werden. Sie können auch großzügig erlauben, dass andere Kinder mitspielen dürfen oder sie daran hindern. Ein angeborenes Fingerspitzengefühl oder eine gewisse Risikobereitschaft, vielleicht verbunden damit, ein wahres Energiebündel zu sein, verschafft dem Kind in manchen Gruppen einen hohen Status, in anderen rangiert es damit weit unten. Ebenfalls entscheidend für den Status sind erworbene soziale Kompetenzen. Weiß das Kind mit anderen Kindern umzugehen und hält es sich beim Spielen an die Normen, die innerhalb der Gruppe gelten?

Die sprachliche Entwicklung, die Entstehung von Bindungen an Gleichaltrige und Zeitgefühl – all dies erweitert die Mentalisierungsfähigkeit. Die Kinder erinnern sich nun an zurückliegende Probleme und deren Lösungen und antizipieren mögliche zukünftige Schwierigkeiten. Sie werden also anfangen, Regeln und Grundsätze zu klären, bevor sie mit dem Spiel beginnen oder das Spiel unterbrechen, um aufgetauchte Unklarheiten zu regeln – sofern sie daran denken. Mit diesen Fähigkeiten ausgestattet, sind sie imstande, Lösungen für Konflikte vorzuschlagen und finden mitunter sogar ohne die Hilfe Erwachsener Wege, sich nach einem Streit wieder zu versöhnen.

Es ist nicht immer leicht, sich einig zu werden, aber nach und nach lernen Kinder, Konflikte eigenständig und ohne die Erwachsenen zu lösen.

Kinder in diesem Alter beginnen, sich mehr und mehr ein Bild davon zu machen, wie andere sich fühlen und sich in ihre Lage hineinzuversetzen. Das erlaubt ihnen, die emotionalen Prozesse nachzuvollziehen, die bei Interaktionen anderer Kinder im Spiel sind, etwa: „Die Marie hat sich total aufgeregt, weil die Nina ihre Puppe genommen hat, aber die Nina hat doch gar nicht gewusst, dass es ihre war." Aus dieser Art von Reflexion entwickelt sich moralisches Denken. Bei Moral geht es nicht nur um starre Regeln – sie entwickelt sich aus der Erfahrung, dass ein Zusammenhang zwischen Emotionen, Absichten, Ursachen und Wirkungen besteht.

Hinzu kommt, dass die Kinder nun den Punkt erreichen, ‚sich selbst von außen zu sehen'. Sie stellen vielleicht einfache Überlegungen dazu an, wie andere sie wahrnehmen und beschreiben sich selbst anhand bestimmter Eckdaten, etwa: „Ich heiße Jonas – ich bin fast 6 Jahre alt und ich habe ein rotes Fahrrad." Mit zunehmendem Realitätssinn wird ihnen auch klar, dass sie nicht in allem, was sie tun, Spitze sind ...

So schade es ist: wir sind nicht Superman oder der weltbeste Fußballer.

Die Erkundung von Phantasie, Rollen und sozialen Codes bezogen auf uns selbst und andere

Soziale und persönliche Kompetenzen, die mit 2 bis 4 und 4 bis 6 Jahren ausgebildet werden, können bei älteren Kindern oder Erwachsenen mehr oder weniger gut entwickelt sein. Wer einmal sehen möchte, ob das Punkte sind, die für ihn selbst oder jemand anderen als proximale Entwicklungszone in Frage kommen, kann sich dabei von den untenstehenden Fragen anregen lassen. Die Fragen sind als Einladung zur Selbstreflexion formuliert, da es wichtig ist, sie zunächst einmal bezogen auf sich selbst zu untersuchen, selbst wenn unser Fokus darauf liegt, andere bei ihrer Entwicklung zu unterstützen. Um unsere eigenen persönlichen und sozialen Fähigkeiten einzuschätzen, reicht es nicht, dass wir eine bestimmte Meinung hierzu haben, und um sie bei anderen zu beurteilen, reicht es nicht, nach ihnen zu fragen. Bei uns allen besteht eine gewisse Kluft zwischen dem, was wir zu tun meinen und dem, was wir tatsächlich tun. Wer das Ganze etwas eingehender betrachten möchte, kann sich dazu eine konkrete Situation näher ansehen, gute Freunde fragen oder sich ein paar Tage oder Wochen Zeit nehmen, um Informationen zu einer bestimmten Frage zu sammeln.

Bindung

- Hast du Lieblings-KollegInnen (-SpielkameradInnen), denen du vertraust? Fühlst du dich sowohl damit wohl, unabhängig von anderen zu arbeiten wie auch eng mit ihnen zusammen und schaffst du es, auftretende Konflikte zu lösen?

Spiel und Kooperation

- Kannst du bei einer Aufgabe (oder einem Spiel) gut ohne größere Probleme mit einer anderen Person oder einer größeren Gruppe zusammenarbeiten? Übernimmst du eher die Führung, oder ist es wahrscheinlicher, dass du anderen assistierst beziehungsweise anderen die Führung überlässt?
- Bist du gut darin, mit Symbolen, wilden Phantasien und Ideen zu spielen, wenn du mit anderen zusammen bist, oder hast du eher einen Hang zu Fakten und zum Rationalen?
- Kannst du dich gut darauf einlassen, gemeinsam mit anderen eine schlüssige Beschreibung einer Erfahrung oder einer Situation herauszuarbeiten?

Status

- Wird dir, wenn du mit anderen zusammen bist, oft die Führungsrolle übertragen, oder geht sie meist an andere?
- Welche Position ist dir lieber? Bist du mit der Statusposition, in der du dich gewöhnlich wiederfindest zufrieden, oder hättest du gerne eine andere?
- Meinst du, es gibt einen Unterschied zwischen den Positionen, die du in verschiedenen Zusammenhängen einnimmst, etwa bei der Arbeit und zu Hause?

Geschlechtsidentität

- Wir alle haben sowohl weibliche als auch männliche Anteile. Finde einige Beispiele für deine männlichen Anteile – und dann für deine weiblichen.
- Meinst du, deine Interessen sind größtenteils eher männlich oder weiblich?
- Welche Seite dominiert deines Erachtens?

Mentalisierung

- Versuche drei sachlich richtige Aussagen zu finden, die auf dich zutreffen.

- Nun triff drei Aussagen über dein inneres Wesen – wie du als Person bist.

- Kannst du ‚andere von innen sehen'? Nimmst du wahr, was andere empfinden und nimmst du dir die Zeit, herauszufinden, woran sie Gefallen finden und was sie nicht mögen, was ihnen leicht fällt und was schwer?

Verbindung zwischen Körper und Sprache

Zu diesem Thema reicht es nicht aus, sich die Antwort auf die Fragen zu überlegen, sondern hier ist etwas Experimentieren gefragt.

- Nimm dir einen Moment Zeit, um sich an die Fragen zu erinnern, über die du gerade reflektiert hast. Welche Emotionen und körperlichen Empfindungen hast du dabei wahrgenommen?

- Schließe einen Moment die Augen und spüre dich in eine deiner Hände hinein.

- Wenn du deine Hand deutlich spüren kannst, öffne die Augen und sieh dir die Hand an. Verändert sich das Gefühl in der Hand? Wie verändert es sich? Sage jetzt ‚meine Hand' und nimm wahr, wie zwischen dem Wort und dem Spüren deiner Hand sowie deinem Erleben dabei, diese Hand anzusehen, eine Verbindung entsteht – oder nicht.

- Wiederhole den Vorgang mit deiner anderen Hand. Gibt es einen Unterschied im Erleben deiner beiden Hände?

KAPITEL 6

Gruppennormen und Realismus

Die Entwicklung der Persönlichkeit von 6 bis 12 Jahren

Das Schlüsselelement der emotionalen Entwicklung von 6 bis 12-Jährigen ist die Erweiterung der Sichtweisen und des geistigen Horizonts. Das Kind wird sehr viel besser darin, Bedürfnisse aufzuschieben, Emotionen zu regulieren und seine Aufmerksamkeit willentlich steuern zu können. Es ist immer noch ich-bezogen, aber seine Sichtweise wird von einem zunehmenden Verständnis der aktuellen Situation beeinflusst. So zum Beispiel fällt es ihm jetzt leichter, zu akzeptieren, dass man sich auf bestimmte Regeln einigen muss und dass viele Aktivitäten oder Spiele nur dann funktionieren, wenn alle sich an dieselben Regeln halten. Das schafft einen fortwährenden inneren Konflikt zwischen dem Impuls, sich egoistisch um die Erfüllung der eigenen Bedürfnisse zu kümmern einerseits, und dem Fokus auf die Gruppe und unserer Rolle in ihr andererseits. Das Kind lernt, ‚sich selbst von außen zu sehen'; es kann sich jetzt mit anderen vergleichen, kann sich aber auch an eigenen Erwartungen und denen anderer messen. Zudem wird ihm klar, dass es über eine enorme Verhaltenspalette verfügt und dass nicht jedes Verhalten angemessen ist.

Nach und nach entwickeln wir viele verschiedene Seiten unserer Persönlichkeit … Superheld … Clown … Störenfried …

… und eine Seite, die über den ganzen Rest reflektiert.

Die Fähigkeit des Kindes, sich selbst von außen zu betrachten, bewirkt, dass es ihm nicht gleichgültig ist, was andere von ihm und seiner Familie denken. Von anderen Kindern gehänselt oder verspottet zu werden, vor allem von seiner Eigengruppe, löst oft ein heftiges Erleben von Scham und Peinlichkeit aus. Sein neuer Blickwinkel von außen bewirkt, dass es für das Kind vorrangig ist, in diese Gruppe hineinzupassen. Das Gute daran ist, dass das Kind lernt, sein Verhalten auf andere abzustimmen; das Schlechte daran ist, dass es die Anpassung an Gruppennormen vielleicht übertreibt. Von dem Bedürfnis gesteuert, genau wie die anderen Mitglieder der Gruppe auszusehen und zu handeln, dehnt es diesen Konformismus auch auf Normen und Moralvorstellungen aus. Alles, was die Gruppe denkt und tut, ist gut und erstrebenswert.

Mit all diesen Veränderungen geht eine enorme Weiterentwicklung des kindlichen Ich-Gefühls einher. Seine einzigartige Identität tritt deutlicher zutage, und das Kind entwickelt die Fähigkeit, sich unter Bezugnahme auf innere Eigenschaften zu beschreiben, etwa als ‚nett' oder ‚stur'. Vielleicht definiert es sich auch über Beziehungen, etwa die Zugehörigkeit zu einer bestimmten Schule oder Sportmannschaft, oder über Lieblingsaktivitäten. Es entwickelt eine viel tiefergehende Sichtweise in Bezug auf andere und ist in der Lage, nicht nur das zu erfassen, was ein anderes Kind unmittelbar erlebt, sondern auch dessen allgemeine Lebenssituation. Infolgedessen entwickelt es vielleicht Impulse, anderen zu helfen, etwa Waisenkindern, Kranken oder anderen Bedürftigen.

Die Entwicklung des Gehirns

Im Alter von 6 bis 9 Jahren geschieht in unserem Gehirn eine ganze Menge. Es findet eine Weiterentwicklung der primären neuronalen Netze in den subkortikalen Regionen statt, die sowohl die autonome Regulation als auch die Organisation von Sinnesempfindungen steuern. Die Vernetzungen zwischen ihnen und den frontoparietalen Schaltkreisen werden weiter ausgebaut, was die motorische und kognitive Kontrolle sowie präfrontalen Mentalisierungsprozesse verbessert. Dieses weit gespannte Netzwerk stellt auch Verknüpfungen mit emotionalen Prozessen im paralimbischen Kortex her, der mit der Verarbeitung von Emotionen, dem Setzen von Zielen, der Motivation und der Selbstbeherrschung zusammenhängt.

Es spielt sich also ganz viel ab, und trotz der rapiden Zunahme seines Mentalisierungsvermögens, seiner kognitiven und sprachlichen Fähigkeiten dürfte das Kind öfter damit zu kämpfen haben, eigene Impulse zu zügeln. Bis zum Alter von 10 bis 12 Jahren hat der Wachstumsschub die Stirnlappen und deren Vernetzungen mit dem restlichen Gehirn erfasst, was zu einer weiteren enormen Zunahme des logischen Denkens, des Zeitgefühls, des Verständnisses von Ursache und Wirkung und der Fähigkeit führt, Dinge zu planen. Eltern staunen oft darüber, wie vernünftig und erwachsen das Kind plötzlich wirkt.

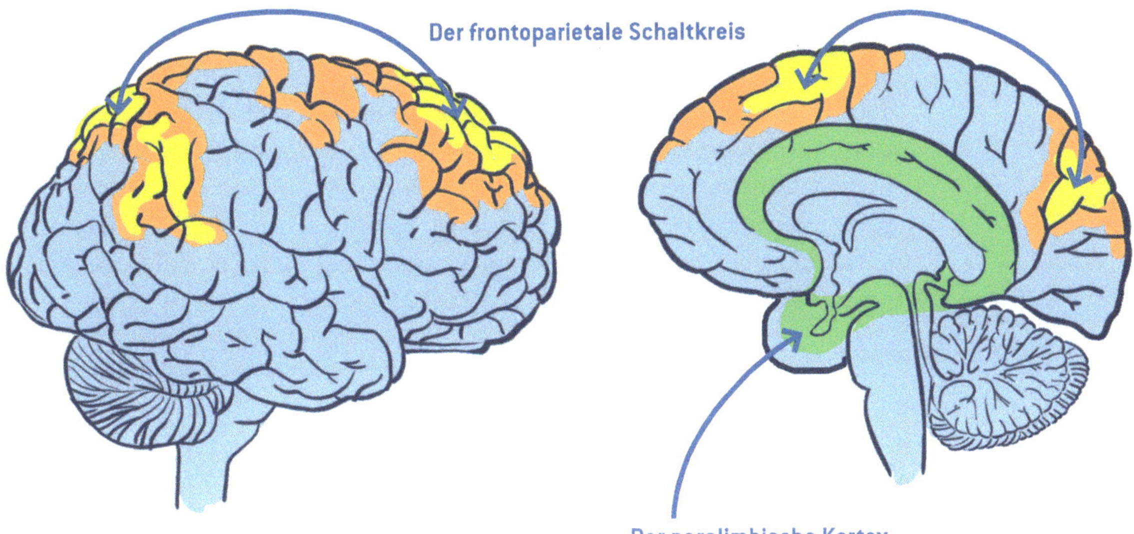

6 bis 9 Jahre

In dieser Phase werden die Bindungsbeziehungen beträchtlich erweitert. Viele Kinder finden in diesem Alter einen ‚besten Freund' oder eine ‚beste Freundin' – oft, wenn auch nicht immer, vom gleichen Geschlecht. Die Fähigkeit, tragfähige Freundschaften zu entwickeln und aufrecht zu erhalten, ist im gesamten Leben wichtig. Allerdings nehmen Freundschaften für Jungen und für Mädchen unterschiedliche Formen an. Mädchen stellen eine Bindung zu anderen Mädchen her, indem sie ihnen Geheimnisse anvertrauen, während Jungen durch Wettkämpfe und oft sehr körperlich betonte Spiele Bindungsbeziehungen herstellen. Bei gemischtgeschlechtlichen Freundschaften findet sich oft eine Kombination von beidem. Zu diesen ein, zwei besten Freunden oder Freundinnen kommt noch hinzu, dass das Kind innerhalb größerer, lockererer Spielgruppen oft Teil einer kleinen Clique von Gleichaltrigen ist. Oft ist das Kind auch noch in anderen Zusammenhängen in einer Gruppe unterwegs, etwa in Form seiner Schulklasse, einer Sportmannschaft und dergleichen mehr. Neben seiner primären Bindungsbeziehung zu seinen Eltern existieren also viele verschiedene Bindungszusammenhänge, die seiner Fähigkeit zum reibungslosen Code-Switching eine Menge abverlangen, denn nur so kann es sich im jeweiligen Kontext angemessen verhalten. Es ist wichtig, sich den sozialen Codes der Klasse oder der Sportmannschaft anpassen zu können, um akzeptiert zu werden. Diese Codes können in krassem Widerspruch zu seinen innerfamiliären Codes stehen, und im Normalfall wird weder die Peergroup noch die Familie ein ‚unangemessenes' Verhalten hinnehmen. Vor allem Kinder aus anderen Kulturen haben mit aufeinanderprallenden Weltbildern zu kämpfen und tun sich schwer, herauszufinden, wer sie wirklich sind und wo sie hingehören.

Etwa mit 6 oder 7 Jahren beginnen Kinder in Gruppen klar voneinander abgegrenzte Untergruppen mit bestimmten Normen und Rollen zu bilden. Die Kinder werden sich ihres eigenen Status in ihrer Peergroup bewusster, und da sie sich zunehmend mit anderen vergleichen, werden diese Stellungen in wichtigen Gruppen und Netzwerken wichtig für ihr Selbstwertgefühl. Statusunterschiede beeinflussen auch den Wert von Unterstützung oder Anerkennung. Wenn ein Schüler mit einer guten Singstimme in der Klasse singt und dafür einen bewundernden Blick von einem Klassenkameraden mit hohem Status erntet, wächst sein Selbstwertgefühl. Kommt der bewundernde Blick stattdessen von einem Kind mit niederem Status, wird er weniger wertvoll und vielleicht sogar unwillkommen sein. Wie in Kapitel 4 erwähnt, drückt sich Status außerdem in reinen Jungengruppen anders aus als in reinen Mädchengruppen.

Jungen benutzen häufiger Befehle, so wie ‚Gib mir den Ball!' und ‚Geh da rüber!' ...

... während Mädchen eher auf Vorschläge bauen: ‚Sollen wir lieber Vater-Mutter-Kind spielen?' oder ‚Lass uns aufhören, nachdem du dran warst.'

Jungen spielen eher draußen und in größeren Gruppen, die einen Anführer haben. Der Anführer hat das Kommando und weist Vorschläge der anderen Jungen meist zurück. Einen hohen Status erlangt man, indem man Befehle erteilt, die andere befolgen sowie durch Zusammenhalt. Jungen können ihren Status auch erhöhen, indem sie sich durch das Erzählen von Geschichten und Witzen in den Mittelpunkt rücken. Oder sie können es, indem sie Riskantes oder Verbotenes tun oder erwachsenen Autoritätsfiguren trotzen oder ihre Autorität anfechten. Jungen prahlen oft mit ihren Errungenschaften und streiten sich darüber, wer worin der Beste ist.

Jungen können einen hohen Status erlangen, indem sie sich mit gewagten Unternehmungen brüsten.

Ein Junge mit niedrigem Status wird oft herumgeschubst, und entsprechend gefährdete Jungen können gehänselt und gemobbt werden. Jungen haben vor allem Spaß an Wettkampfspielen wie Fußball oder Basketball, und selbst wenn es bei etwas, das sie gerade tun, eigentlich nicht darum geht, miteinander zu wetteifern, bilden sie oft gegnerische Teams und bringen so zusätzlich ein Kräftemessen ins Spiel. Sie spielen Spiele mit Gewinnern und Verlierern, und sie erfinden Spielregeln, über die sie dann hitzig debattieren. Typische Jungenspiele sind oft damit verbunden, dass ein ganzer Pulk von Jungs herumrennt und hinter anderen herjagt. Aufgrund ihrer expliziten Statusdynamiken brauchen sie Erwachsene, die in der Lage sind, freundlich, aber bestimmt aufzutreten, sie angemessen fordern und ihnen helfen, innerhalb ihrer Hierarchien ein ehrenwertes Verhalten zu entwickeln.

Der Status von Mädchen macht sich nicht in erster Linie an Wagemut oder Kampfgeist fest, also vermeiden sie gewöhnlich riskantes Verhalten und Konflikte mit Erwachsenen. Außerdem steht nicht zu erwarten, dass sie mit Erreichtem prahlen oder heraushängen lassen, dass sie besser sind als andere. Die Hierarchien unter Mädchen richten sich nach sozialer Anerkennung und Bindungsbeziehungen – besser bekannt unter den Bezeichnungen ‚Beliebtheit' oder ‚Vertrautheit'. Mädchenspiele sind eher mit relativ ruhigen Aktivitäten verbunden, die auf abwechselnder Initiative oder auf Imitation basieren und bei denen der Wettbewerbsfaktor relativ unwichtig ist. Klassische Mädchenspiele kennen meist nur einige wenige Regeln. Alle Beteiligten sind gleichgestellt und messen ihre Einzelleistung anhand bestimmter Standardregeln, etwa beim Himmel-und-Hölle-Spielen, statt direkt gegeneinander zu spielen wie etwa beim Tennis.

Kommandos kommen in reinen Mädchengruppen selten vor. Mädchen machen eher Vorschläge oder äußern Wünsche und neigen dazu, im Namen der Gruppe zu sprechen, etwa wenn es heißt: „Wir wollen nicht mit dir spielen." Was Mädchen mit einem hohen Status verkünden, stößt im Allgemeinen auf Zustimmung, während Kommentare von Mädchen mit einem niedrigen Status oft ignoriert werden. Untersuchungen zufolge tun sich Mädchen paarweise als ‚für immer beste Freundinnen' zusammen und diese Paare bilden dann größere soziale Netzwerke. Bei Gruppenspielen versuchen Mädchen, ihre ‚beste Freundin' mit einzubeziehen. Ist ein Mädchen nicht beliebt, wird es oft ausgeschlossen. Dementsprechend behalten Mädchen ihre Freundschaftsbeziehungen genau im Blick, um subtile Veränderungen im Hinblick auf bestehende Allianzen mitzubekommen und streben Freundschaften mit beliebten Mädchen an. Konkurrenzkampf unter Mädchen läuft über Klatsch und Tratsch, und die erste zu sein, die von etwas weiß, verheißt einen Gewinn für den eigenen Status. Auch drücken sie Bindung und Nähe untereinander darüber aus, sich einander anzuvertrauen und Geheimnisse zu teilen. Dementsprechend steht für Mädchen, vor allem solche mit einem hohen Status, eine Gratwanderung an: wo nutzen sie Informationen an der Klatschbörse dazu, ihren Status aufzubessern, und wo entscheiden sie, ein Geheimnis zu hüten, um die Bindungsbeziehung zu erhalten?

Mädchen leiten Status aus Beliebtheit und dem Teilen von Geheimnissen ab, also haben sie ein wachsames Auge auf unterschwellige Veränderungen der Freundschaftskonstellationen in ihrer größeren Peergroup.

Da Umgänglichkeit in Mädchengruppen ein wichtiger Wert ist, neigen Mädchen dazu, Konfrontationen und Konflikten aus dem Weg zu gehen und sich nett und kooperativ zu geben. Wenn ein Mädchen sich über ein anderes ärgert, wird es das in der Regel einer Dritten anvertrauen anstatt die Betroffene selbst damit zu konfrontieren – anders als Jungen, die hier tendenziell viel direkter sind. Solche Winkelzüge machen Mädchengruppen enorm komplex und werden oft mit negativen Attributen belegt, etwa indem es heißt, die Mädchen fielen sich in den Rücken. Man kann es jedoch auch als Versuch verstehen, den Frieden zu wahren und sich aus Konflikten herauszuhalten. Aufgrund ihrer komplexen sozialen Beziehungen besteht bei Mädchen in der Regel mehr Bedarf an Unterstützung durch Erwachsene, damit eine Gruppe gewahrt bleibt, die offen für alle ist und in der keine Intrigen gesponnen werden.

Auf der besagten Altersstufe entwickeln Jungen wie auch Mädchen die Fähigkeit zu Rollenspielen mit mehr Beteiligten und sie beginnen, sich komplizierte *Spielnarrative* auszudenken, die sich unbegrenzt erweitern lassen. Anregungen für diese Als-ob-Universen bieten oft Geschichten oder Filme, etwa *Jack Frost* oder *Der König der Löwen*, aber es kann sich dabei auch um kreative Versionen der Realität handeln, etwa beim Spiel mit Spielzeugautos. Das Kind verfügt nun über ausgeprägtere Fähigkeiten, das Verhalten anderer zu deuten, was sich für gute wie auch für schlechte Zwecke einsetzen lässt. Es lässt sich dazu benutzen, an etwas heiß Begehrtes heranzukommen, das einem nicht zusteht oder aber dazu, einen Konflikt zu schüren …

Mit mehr Menschenkenntnis lässt sich eine Menge Unfug anstellen…

… etwa, indem man andere austrickst und dazu bringt, sich wechselseitig zu beschuldigen …

... kann aber auch für Mentalisierungsprozesse genutzt werden. Diese können durch Empathie oder durch kognitive Prozesse in Gang kommen. Eine empathische Reaktion könnte der spontane Impuls sein, jemanden zu trösten, der völlig aufgelöst ist; während kognitive Mentalisierung damit verbunden sein könnte, bei einem Konflikt zu vermitteln.

... aber diese Fähigkeit kann auch dazu genutzt werden, sich bei Konflikten in beide Parteien hineinzuversetzen ...

... und eine Lösung zu finden, von der alle einen Gewinn haben.

In dieser Phase ist die Fähigkeit, ‚andere von innen zu sehen' so ausdifferenziert, dass Kinder in der Lage sind, ihr Wissen über das Leben anderer einzubeziehen, wenn sie über deren unmittelbare Emotionen nachdenken. Das Vermögen, ‚sich selbst von außen zu sehen', beinhaltet in dieser Phase auch, sich selbst und seine Familie so zu sehen, wie andere einen nach eigener Auffassung sehen und beurteilen, was zu Gefühlen der Scham führen kann.

Die Scham, die damit verbunden ist, als schlecht oder minderwertig gesehen zu werden, ist in Geschichten und Filmen ein Dauerbrenner. Entweder der

Protagonist macht in einer entscheidenden Situation etwas Dummes, oder ihm wird übel mitgespielt und man verspottet ihn. Im Film und im Märchen wie auch im realen Leben wird diese Scham zuerst von einem loyalen Freund oder Mentor reguliert – also akzeptiert und transzendiert – der ihm zur Seite steht, an ihn glaubt und ihm hilft, neuen Mut zu fassen. Dem typischen Handlungsablauf zufolge wandelt sich Scham in Stolz, wenn der Protagonist aufgrund seines Heldentmuts, seines guten Herzens und seinen Fähigkeiten den Sieg davonträgt. Oft ist er sogar barmherzig und großmütig gegenüber denen, die ihn verhöhnt haben, es sei denn, die Geschichte betrachtet sie als wahrhaft böse, dann erhalten sie ihre gerechte Strafe!

Ein wahrer Held kann dem besiegten Feind die Hand zur Versöhnung reichen.

9 bis 12 Jahre

Gemeinsame Normen und ein erweiterter Aufmerksamkeitsradius sind die Grundlagen für die Entwicklung eines Gewissens. Wenn das Kind die Fähigkeit erwirbt, sich selbst von außen zu betrachten, wächst auch seine Fähigkeit, sich selbst zu beurteilen und sich mit anderen zu vergleichen. Von daher wird es wichtig, gut dazustehen, und für das Kind rücken Wettbewerb und Leistung mehr in den Mittelpunkt, etwa im Sport oder in Schulfächern. Diese Vergleiche beeinflussen definitiv den *Status* des Kindes. Der Status kann sich je nach Gruppe an Verschiedenem festmachen, ebenso wie der Status des Einzelnen in einer bestimmten Gruppe im Laufe der Zeit variieren kann. Der Status kann jedoch auch ‚haften bleiben', so dass ein Kind, das auf der Statusleiter weit unten steht und das von Gleichaltrigen an seiner Schule ausgegrenzt wird, seinen niedrigen Status auch nach dem Wechsel auf eine andere Schule behält.

In Gruppen von 9 bis 12-Jährigen – und überhaupt in allen Gruppen und für den ganzen Rest unseres Lebens – sind alle sozialen Motivationssysteme quasi pausenlos aktiv. Im Ganzen betrachtet könnte man die Energie in einer Gruppe mit der in einem Orchester vergleichen. Eine Gruppe kann dabei im Miteinander mit einem unbegrenzten musikalischen Repertoire aufwarten, von himmlischer Harmonie bis zur krassen Kakaphonie. Man kann unsere Motivationssysteme mit emotionalen Musikinstrumenten vergleichen, auf denen Bindung, Status, Geschlechtsidentität, Spiel, Kooperation und Mentalisierung verschiedene Arten von ‚Musik' hervorbringen, deren Klänge sich bei unseren Interaktionen mischen und nebeneinander her plätschern. Die meiste Zeit über wird diese Gruppen-'Musik' von unserem Unterbewusstsein gespielt, und niemand fragt sich, warum die Gruppe gut funktioniert oder nicht. Die meisten Menschen haben zwar ein gewisses Gespür für ihre eigenen bewussten Absichten, aber wir alle haben auch unbewusste Motive. Darüber hinaus ist vieles an unserem Verhalten unbewusst, und oft nehmen wir nicht wahr, wie sich unser Verhalten auf andere auswirkt.

Mit zunehmender Mentalisierungsfähigkeit wird auch das Kind auf diese Dynamik aufmerksam: mitunter hat sein eigenes Verhalten wie auch das von anderen unbeabsichtigte Folgen. Verhöhnt zum Beispiel ein Kind mit hohem Status eines mit einem niedrigen Status, so wird Letzteres dadurch in den Augen der Gruppe gedemütigt. Das wiederum kann unerwartet eine Situation schaffen, bei der sich die Gruppe in zwei Lager spaltet. Die eine Gruppe schlägt sich auf die Seite des Kindes mit dem überlegenen Status und die andere tritt an, das gedemütigte Kind zu schützen. Die Beziehungen zwischen beiden Lagern sind frostig oder es tobt ein offener Krieg zwischen ihnen. Diese Dynamik beobachtet man in fast identischer Form im Erwachsenenleben, am Arbeitsplatz wie auch in Gruppen im privaten Rahmen.

Das Statusmotiv hinter dem Impuls, jemanden zu verhöhnen, ist oft unbewusst ....

... und führt innerhalb der Gruppe oft zu Mobbing und sich bekriegenden Cliquen.

In dieser Phase entwickelt das Kind ein komplexeres moralisches Denken sowie ein Gewissen. Es reicht nicht mehr, der Anführer oder die Beliebteste zu sein, man sollte auch ein guter Mensch sein. Mit der Unterstützung von Erwachsenen und Gleichaltrigen entsteht in Kindern nun ein Gefühl der Verantwortung für die Auswirkungen ihres Tuns. Das Kind ist stolz auf gute Taten und bekommt Schuldgefühle, wenn es etwas gemacht hat, was nicht ganz koscher war. 8 bis 10-Jährige entwickeln ein Gewissen, sind also in der Lage, sich schlecht zu fühlen, wenn sie etwas angestellt haben. Dieses Schuldbewusstsein kann fortan schon durch den bloßen Gedanken an den Schaden ausgelöst werden, den das Kind anderen zufügen könnte. Angesichts solcher zunehmend komplexeren Gedankengänge wird Kindern klar, dass ein bestimmter sozialer und Verhaltenscode kein Naturgesetz ist, sondern eine Übereinkunft darstellt und auf gemeinsamen moralischen Normen basiert.

Der Alltag bringt zahllose Interaktionen mit Erwachsenen und Kindern mit sich, bei denen das Kind sich in vielen verschiedenen Rollen wiederfindet. Oft sind Konflikte der Beweggrund dafür, sich Gedanken zu machen, was in uns selbst und dem anderen vorgegangen ist – was dann hoffentlich zu Mentalisierung führt und zu mehr Einsicht in unsere eigenen Emotionen und in die von anderen. Uns wird deutlich, dass wir manchmal Aufmerksamkeit oder Bestätigung suchen, wenn wir etwas Dummes machen oder eine Lüge erzählen – und wir merken, dass auch andere das gelegentlich tun. Mit zunehmender mentaler Komplexität entdecken wir vielleicht sogar, dass wir viele verschiedene ‚innere Stimmen' haben, deren Ziele und Einstellungen heftig auseinander gehen.

Bessere Mentalisierungsfähigkeiten schaffen den Raum dafür, dass wir unsere eigenen Bedürfnisse und Wünsche gegen die von anderen abwägen. Statt uns zum Beispiel alleine im Glanz eines gewonnenen Pokals zu sonnen, sind wir bestrebt, uns nicht allein mit diesen Federn zu schmücken, sondern das Verdienst mit anderen zu teilen. Mehr Selbsterkenntnis und Realismus helfen auch, uns im Leben Ziele zu setzen und diese Ziele zu verfolgen. Auf dieser Entwicklungsstufe wissen wir, dass wir zu unserem Leidwesen keine genialen Schwimmer oder Fußballspieler sind, aber wir wissen auch, das wir mit entsprechender Übung welche werden können.

Auch wenn wir beim Fußball erst einmal nur unbeholfen herumstolpern …

… mit etwas Übung können wir richtig gut darin werden.

Wir lernen auch, dass besser zu werden in etwas mit bestimmten Abläufen verbunden ist. Zuerst überlegt man sich, was man noch lernen muss, um seine Ziele zu erreichen. Dann überlegt man sich einen Plan, der einen in diese Richtung voranbringt und macht sich daran, ihn umzusetzen. Sagen wir einmal, unser Traum wäre, ein guter Schlagzeuger zu werden und mit einem Bassisten und einem Gitarristen zusammen eine Band zu gründen. Das ließe sich so angehen, dass wir uns zunächst einmal über die Leute oder die Band klar werden, die wir darauf ansprechen möchten. Dann ist konkreteres Planen und hartes Üben gefragt, um ein besserer Schlagzeuger zu werden. Sobald wir uns dann für gut genug halten, nehmen wir all unseren Mut zusammen und nehmen Kontakt auf …

Bei einer realistischen Selbsteinschätzung kann Zurückweisung uns beflügeln, eine Strategie zu entwickeln …

… um unser Ziel zu erreichen …

… damit die erträumte Szene eines Tages Wirklichkeit wird.

Der Erkenntnisprozess ist harte Arbeit. Abertausendmal braucht das Kind in seiner Kindheit Aufmerksamkeit und Unterstützung von Erwachsenen, von seinesgleichen und von seinen eigenen reiferen Aspekten, um sich selbst und andere zu verstehen. Die Mentalisierungsfähigkeit entwickelt sich lebenslang weiter und wird zunehmend differenzierter, in Grundzügen jedoch ist sie schon mit 10 bis 12 Jahren vorhanden. Im Laufe dieser Lebensjahre kommt zunehmend die reifere Identität zum Vorschein und erlaubt dem Kind, sich selbst objektiver zu sehen, über soziale Interaktionen zu reflektieren und zu entscheiden, welche Rolle es in einer Gruppe spielen möchte beziehungsweise wie es künftig mit schwierigen Situationen umgeht.

Haben wir erst einmal gelernt, zu mentalisieren, geht es uns in Fleisch und Blut über – wir haben es verinnerlicht wie das Radfahren. Wir müssen uns keine Gedanken darüber machen. Wir verstehen und antizipieren spontan das Verhalten anderer Menschen und reflektieren über Emotionen und Interaktionen. Ist diese Stufe erreicht, wird Mentalisierung zum Motor der Entwicklung unserer Identität und wir gewinnen mehr Klarheit über eigene Entscheidungen und unsere Identität.

Es gibt Dinge an uns, die wir nicht sehr mögen.

Die Erkundung eigener und fremder Gruppennormen und der realistische Blick

Fähigkeiten, die mit 6 bis 12 Jahren erworben wurden, können – ganz wie solche aus früheren Phasen – bei älteren Kindern oder Erwachsenen mehr oder weniger gut entwickelt sein. Wie im vorherigen Kapitel lässt sich hier die eigene proximale Entwicklungszone oder die anderer anhand der unten aufgeführten Fragen näher erkunden. Auch hier sind die Fragen wieder als Einladung zur Selbstreflexion formuliert – es ist weiterhin wichtig, sich die Punkte, auf die wir bei anderen den Fokus richten, zunächst einmal bei uns selbst anzusehen. Wer mehr in die Tiefe gehen möchte, kann sich dazu eine konkrete Situation näher vornehmen, für längere Zeit eine bestimmte Frage auf sich wirken lassen oder sich mit jemandem aus dem Freundes- oder Kollegenkreis austauschen, die Erkenntnisse dazu beisteuern könnte.

Bindung

- Hast du nähere Beziehungen zu Gleichaltrigen?

- Gehörst du beruflich oder in deiner Freizeit zu einem Team – beziehungsweise beides?

Spiel und Kooperation

- Kannst du die Normen und Grundregeln einer der Gruppen beschreiben, denen du angehörst?

- Wie gut nimmst du, wenn du in eine neue Gruppe kommst, wahr, wie andere sich verhalten und wie gut kannst du dich eingliedern?

- Wie funktioniert die Entscheidungsfindung in der Gruppe gewöhnlich?

- Wie werden Konflikte in der Gruppe gewöhnlich gelöst?

Geschlechtsidentitität und Status

- Wenn du dir eine der Gruppen so ansiehst, sind die Normen dieser Gruppe eher männlich oder eher weiblich oder eine Mischung von beidem?

- Wer hat einen hohen Status und wer einen niedrigen?

- Welche Arten von Verhalten erhöhen in der Gruppe den Status?

- Welchen Status hast du selbst, wie hast du ihn erlangt und wie bewahrst du ihn?

Mentalisierung

- Denke an einen Konflikt mit jemandem und versuche zu beschreiben, wie die andere Person ihn erlebt hat. Kannst du das so tun, dass der andere seine Erfahrung wiedererkennen würde?

- Könntest du den Konflikt ‚von außen' beschreiben, das heißt, aus der Sicht von Unbeteiligten?

- Schaffst du es, dir einen entsprechenden Plan zurechtzulegen, wie du in eine Gruppe hineinkommst, der du gerne angehören würdest? Wärst du auch in der Lage, deinen Plan den Begebenheiten aunzupassen? Beschreibe eine Situation, in der du so vorgegangen bist. Mit welchen Gefühlen denkst du daran zurück?

- Kannst du beschreiben, wie jemand anders die innere Welt einer dritten Person sieht? Schildere eine Situation, in der zwei andere Personen einen Konflikt miteinander hatten. Wie erlebte A das, was B erlebte? Was tat A, was dich auf diesen Gedanken bringt, und wie reagierte B auf die Reaktion von A?

Während du dir deine Antworten überlegst: gibt es etwas, was du gerne noch eingehender anschauen würdest? Oder bei dem du gerne mit einem anderen Verhalten experimentieren würdest?

KAPITEL 7

Gruppenkultur, sexuelle Reifung und Identität

Die Entwicklung der Persönlichkeit im Alter von 12 bis 20 Jahren

Es ist eigentlich ganz einfach: wir treten als Kind in die Adoleszenz ein und kommen als Erwachsene raus. Die Adoleszenz ist eine Zeit umfangreicher innerer Umbaumaßnahmen – mit allem Baustellenchaos, das damit verbunden ist. Im Zuge dieser Persönlichkeitserneuerung erreichen Jugendliche sexuelle Reife; sie verlieben sich; halten Ausschau nach dem ersten Freund/der ersten Freundin, begeben sich auf die Suche nach Idolen, Werten, Gruppenzugehörigkeit, einem älteren Mentor oder einer Mentorin. Es kommt zur Abnabelung von der Familie, was mehr oder weniger dramatische Formen annehmen kann. Die Jugendlichen suchen die Gesellschaft von Gleichaltrigen, und es beginnt die Suche nach einem tieferen Sinn – oder nach dem wüstesten Besäufnis, ihrer wahren Identität oder dem, worum es in ihrem Erwachsenendasein gehen sollte. Sie messen ihre Kräfte und testen ihre persönlichen Grenzen. Sie treffen Entscheidungen, vermeiden genau das oder überlegen es sich anders - im Hinblick auf Schule und Ausbildung, Liebesbeziehungen, familiäre Beziehungen, Moral, ihre eigene Persönlichkeit und alles Sonstige unter der Sonne.

Teenager können vernünftig, konzentriert und zielstrebig sein …

… aber sie können auch von einem Moment auf den anderen jegliche Vernunft ausschalten.

Das Baustellenchaos bei Heranwachsenden ist das Ergebnis dramatischer Veränderungen im Körper und Gehirn, und die gravierenden Stimmungsschwankungen, zu denen es führen kann, erschweren es Teenagern, realistische und ausgewogene Beziehungen zu ihrem Umfeld aufrechtzuerhalten. Aufgrund der ständigen Umbaumaßnahmen im Gehirn kann der gesunde Menschenverstand mitunter von einem Moment zum nächsten ausgeschaltet werden, was dazu führt, dass alltägliche Verabredungen, Verpflichtungen und jede Rücksichtnahme auf andere sich in dem allgemeinen emotionalen Aufruhr in Luft auflösen.

Während der Adoleszenz verschmelzen die sozialen Motivationssysteme, um gemeinsam die erwachsene Persönlichkeit auszubilden. Vor allem erweitert sich das Mentalisierungsvermögen und dementsprechend die Fähigkeit, verschiedene Sichtweisen gleichzeitig präsent zu haben. Infolgedessen sind Jugendliche ab jetzt zunehmend in der Lage, über die Werte zu reflektieren, mit denen sie erzogen wurden beziehungsweise denen sie in der Schule und unter Gleichaltrigen begegnen. Sie sind in der Lage, die Sichtweisen anderer in ihre Zukunftsträume einzubeziehen, ebenso wie ein generelles Gespür für die Möglichkeiten in Sachen Arbeit und Lebensbedingungen, die ihre Gesellschaft für sie bereithält.

Die Entwicklung des Gehirns

Die Teenagerjahre sind für die Entwicklung des Gehirns eine entscheidende Zeit. Während die Kinderzeit von einem extensiven Wachstum neuronaler Verbindungen gekennzeichnet war, durchläuft das gesamte Gehirn nun eine Transformation, während es auf Erwachsenenniveau ‚zurechtgestutzt' wird. Bei diesem Vorgang sterben Hirnzellen ab und viele synaptische Verbindungen werden durch ‚Ausputzen' beseitigt, während andere Verbindungen zu zentralen Bahnen und Knotenpunkten ausgebaut werden.

Während der Teenagerjahre findet eine ‚Verschlankung' des Gehirns statt. Dieser Prozess beginnt am Hinterkopf und setzt sich von dort aus allmählich nach vorne fort.

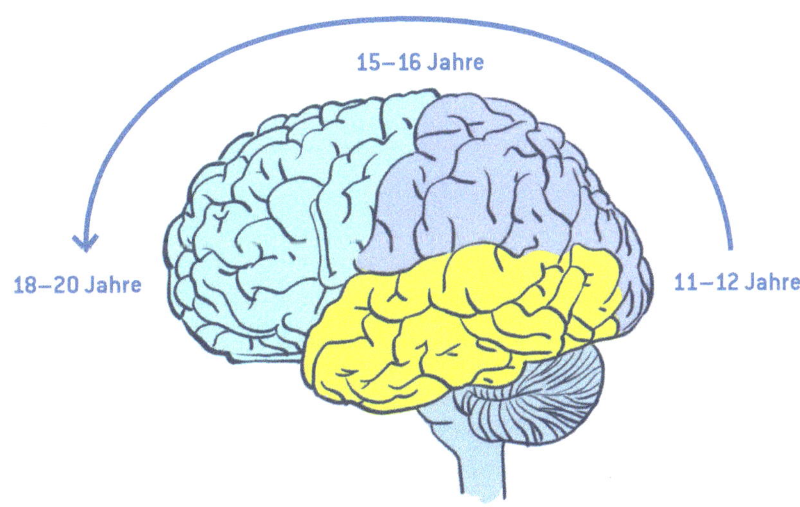

Dieses Absterben von Zellen beginnt etwa mit 12 Jahren im Scheitellappen, der unsere inneren und äußeren Empfindungen und unsere Körperidentität organisiert. Etwa mit 15 bis 16 Jahren erreicht er die Schläfenlappen, die für die Verarbeitung von Emotionen, Geräuschen, visuellen Eindrücken und Erinnerungen zuständig sind, bevor er schließlich – irgendwann im Alter von 16 bis 18 Jahren – die Stirnlappen erreicht. Diese Regionen sind bei allen psychologischen Prozessen beteiligt, wobei ein besonderer Schwerpunkt auf der Organisation der Mentalisierung, Planung, Selbstkontrolle, den Entscheidungs- und Exekutivfunktionen liegt. Während des Prozesses von Zelltod und Umbau ist die Funktionsfähigkeit in der betroffenen Region instabil – was sich besonders an dem sporadischen Verlust der präfrontalen Vernunft und Selbstdisziplin zeigt.

Unterdessen fluten Sexualhormone das gesamte Gehirn. Wie in Kapitel 4 erwähnt, fördern die weiblichen Sexualhormone die Ausschüttung von *Serotonin* und *Oxytocin*, die eine beruhigende Wirkung haben und Impulse für ruhige, angenehme Interaktionen mit den Menschen fördern, mit denen wir uns verbunden fühlen. Die männlichen Sexualhormone dagegen steigern die Wirkung von Neurotransmittern im Gehirn und Körper, die die verfügbare Energie, Risikobereitschaft und Kampfeslust fördern: *Dopamin* und *Adrenalin*. Dopamin wird auch das hirneigene ‚Speed' genannt. Zudem erhöht es die Produktion des Neurotransmitters *GABA* (Gammaaminobuttersäure), der eine beruhigende und schlaffördernde Wirkung hat. So kommt es, dass Teenager, obwohl sie, wenn sie erst einmal wach sind, immer Volldampf voraus unterwegs sind, es auch durchaus fertigbringen, bis spätnachmittags zu schlafen.

In dieser Zeit beschleunigt sich auch die *Myelinisierung*, ein Prozess, bei dem die wichtigsten Verbindungen innerhalb des Netzwerks durch Umhüllung mit der fettreichen Myelinschicht elektrisch isoliert werden. Hierdurch verbessert sich sowohl die Geschwindigkeit der Reizweiterleitung im Gehirn als auch die Präzision der Hirntätigkeit. Daneben fördert es sensomotorische Prozesse, Emotionen und kognitive Fähigkeiten – außer, wenn das Gehirn von dem Umbauchaos in Beschlag genommen ist. Die Brücke zwischen den beiden Gehirnhälften, das Corpus callosum, verstärkt sich und schafft dabei eine engere Verbindung zwischen den stärkeren Ausdrucksformen von Emotionen, dem konkreten und ganzheitlichen Denken, das charakteristisch für die rechte Gehirnhälfte ist und den nuancierten sprachlichen Fähigkeiten und dem systematischen Herangehen der linken Gehirnhälfte.

Die Verbindungsbrücke zwischen der rechten und der linken Gehirnhälfte, das Corpus callosum, verstärkt sich.

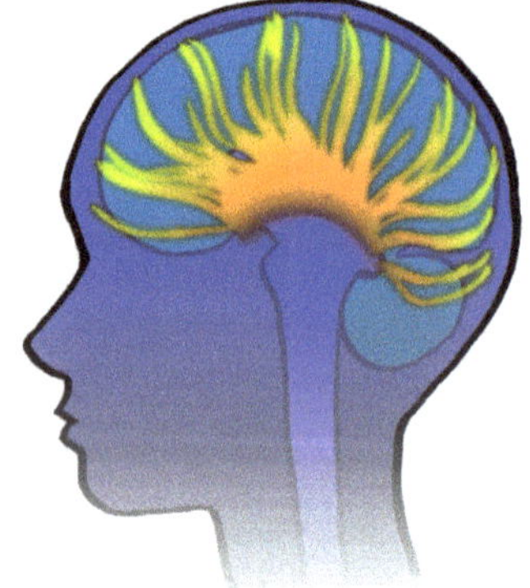

12 bis 14 Jahre

In diesem Alter üben sich Teenager in Abgrenzung. Sie hängen vielleicht ein Schild an ihre Zimmertür mit dem Hinweis: ‚KEIN ZUTRITT FÜR ERWACHSENE!' oder ‚PRIVAT – Vor dem Reinkommen bitte anklopfen!'. Sie distanzieren sich zunehmend von ihrer Familie, reagieren genervt auf die Schwächen und Fehler der Familienmitglieder und stellen die Grenzen und Werte ihrer Eltern in Frage. Sie sind auf der Suche nach ihrer eigenen, unabhängigen Identität und dabei, ihr sich wandelndes Ich-Gefühl mit den dramatischen Veränderungen in Einklang zu bringen, die sich abspielen, während ihr Körper sich weiterentwickelt und sie nach und nach die sexuelle Reife erlangen. Die enormen Umwandlungsprozesse, die im Körper, Hormonsystem und Gehirn des Teenagers toben, lösen zudem heftige Stimmungsschwankungen aus.

Teenager suchen verstärkt Bindungsbeziehungen außerhalb ihrer Familie, wobei sie sich oft mit einer bestimmten Peergroup identifizieren. Das Thema Status in Gruppen von Gleichaltrigen wird komplizierter, da sich diverse Subkulturen ausbilden und unterschiedliche Werte entwickeln.

In diesem Alter ist es eine Katastrophe, ‚anders' zu sein, und die Erfahrung, in einem Zusammenhang einen hohen Status zu haben und in einem anderen einen niedrigen, kann eine Stabilisierung des sich entwickelnden Identitätsgefühls extrem erschweren. Ein Junge mag beim Fußball der große Star sein, dafür aber kognitiv beeinträchtigt, während ein hageres Kerlchen, das in Sport ein hoffnungsloser Fall ist, vielleicht als Computergenie bewundert wird.

In manchen Gruppen mag man als Computer-Crack Starstatus erlangen …

… in anderen dagegen, indem man mit den angesagtesten Modelabels und einem Designer-Fahrrad angibt.

Manche Teenager erlangen einen hohen Status, da sie als sexuell attraktiv gelten, während andere in der sexuellen Reife noch zurückliegen oder einmal ‚normal' entwickelt sind. Unter Umständen wird jemand aus einer Gruppe ausgeschlossen, da keine seiner Eigenschaften oder Fähigkeiten in den vorherrschenden Subkulturen als wertvoll gilt. Spielerische Impulse werden jetzt in eine engagierte Zusammenarbeit bei den zentralen Aktivitäten innerhalb der jeweiligen Subkultur gelenkt, ob Computerspiele, Sport, Vandalismus oder wilde Partys. In diesem Alter kommt es zur sexuellen Reife und dem ersten richtigen Verknalltsein oder ersten wirklich erotischen Schwärmereien. Emotionale Schwärmereien beginnen schon mit 3 bis 4 Jahren, aber mit dem sexuellen Heranreifen entsteht ein neuer Grad von erotischer Spannung, der der Bindung an einen festen Freund/eine feste Freundin eine neue Dimension gibt.

Die sexuelle Reife erweitert Bindungsbeziehungen und Geschlechtsidentität, indem ein starkes sexuelles Spannungsverhältnis hinzukommt.

Mit wachsender Fähigkeit zu abstraktem Denken erweitert sich das Mentalisierungsvermögen erneut, doch gleichzeitig kann die Umstrukturierung des Gehirns dazu führen, dass der Verstand und die Logik ohne jede Vorwarnung plötzlich abgeschaltet werden. In diesem Zeitraum spielen sich so viele Veränderungen ab, dass uns die Verbindung zwischen früher und heute durchaus einfach abhanden kommen kann; wir sind vollkommen selbstvergessen und verschwenden keinen Gedanken an Konsequenzen oder zuvor getroffene Verabredungen. Momentane emotionale Impulse können vollkommen die Oberhand gewinnen, und wir registrieren nicht, dass wir gerade denken, fühlen und handeln, während unser rationaler Verstand abgeschaltet ist. Wenn sich die Vernunft dann wieder einschaltet, ist es für uns erst einmal schwer zu fassen, wie wir uns benommen haben, was oft zu heftigen Scham- und Schuldgefühlen führt – und zu Konflikten mit Autoritätspersonen.

Wenn sich der Verstand wieder einklinkt, fällt es Teenagern oft schwer, zu verstehen, wieso sie sich auf diese Weise so verhalten haben.

14 bis 17 Jahre

Dieser Zeitraum ist von intensiven Leidenschaften und von einer ebenso intensiven Reflexion gekennzeichnet. Teenager streben jetzt nach Unabhängigkeit und versuchen dabei auf jede nur erdenkliche Weise ihre Loslösung vom Elternhaus und von anderen Mitgliedern der Familie herauszukehren und sich abzunabeln. Sie sind intensiv mit sich selbst beschäftigt und schwanken ständig zwischen außerordentlich hohen Standards im Hinblick auf ihr Aussehen und ihre Fähigkeiten und einem Gefühl, zu nichts nutze zu sein – Loser, die es nie zu etwas bringen werden. Als Hilfskonstruktion nutzen sie das Sich-Verstecken hinter einer Maske – ein Archetypus.

Zum Glück lässt sich ein fragiles Selbstgefühl prima durch eine Maske aufbauschen.

Paradoxerweise brauchen Teenager gerade in dieser Zeit des Rebellierens und des Strebens nach Unabhängigkeit noch die *Bindungsbeziehung* zu den Eltern. Deren lebenslanges Verständnis für sie hilft ihnen, weniger auf Abwehr zu gehen und ein liebevolleres und vernünftigeres Selbstbild aufzubauen. Schon wenig später jedoch wird der Teenager wieder das Bedürfnis verspüren, sich von den familiären Zwängen und den Einschränkungen der Kindheit frei zu machen und sich in seine Beziehungen zu Gleichaltrigen hineinzustürzen. Aus den erotischen Erkundungen früherer Jahre entwickeln sich jetzt die ersten wirklichen *Romanzen* und sexuellen Beziehungen. Aus einigen von ihnen entwickeln sich Ehen oder Paarbeziehungen, die ein Leben lang halten. Andere überdauern nur wenige Monate, während die beiden Teenager versuchen, mit Bindungsmustern, Selbstbild und Sexualität sowohl in ihrem eigenen Inneren als auch im Umgang mit ihrem Gegenüber so zu jonglieren, dass die Beziehung es überlebt und sich vertiefen kann.

Die Fähigkeit zu abstraktem Denken und komplexer *Mentalisierung* verbessert sich stetig, auch wenn es weiterhin dramatische Phasen gibt, wo das rationale Denken und die Selbstbeherrschung, Domänen des präfrontalen Kortex, vorübergehend außer Kraft gesetzt sind, während der emotionale limbische Kortex den Teenager antreibt, Nervenkitzel und Risiko zu suchen. Die immer wieder auftretende vorübergehende Funktionsunfähigkeit des präfrontalen Kortex ist Auslöser für die heftig emotionsgeladene Wahrnehmung trivialer Interaktionen beim Teenager.

Teenager sind auf intensive gemeinsame Erlebnisse aus …

Wie stark Risikobereitschaft und Sensationsgier sich jeweils im Verhalten niederschlagen, hängt davon ab, wie der präfrontale Kortex in diesem Moment gerade funktioniert. Impulsives Verhalten wird zunehmend durch verinnerlichte moralische Prinzipien auf der präfrontalen Ebene in Schach gehalten, was dem Teenager hilft, zwischen seinen eigenen persönlichen Bedürfnissen einerseits und den konventionellen Normen für ein ‚gutes Verhalten' andererseits zu unterscheiden.

Wenn der präfrontale Kortex nicht ‚abgeschaltet' ist, bewirkt er eine weitere enorme Erweiterung der Reflexions- und Mentalisierungsfähigkeit, was es leichter machen kann, Konflikte zu lösen und seinen eigenen Anteil an schwierigen Situationen zu erkennen. Nach und nach entwickelt der Teenager ein gefestigteres Gespür für seine eigene Identität, was seine Fähigkeit erhöht, sich die Zukunft vorzustellen und sich langfristige Ziele zu setzen.

17 bis 20 Jahre

Erneut erweitern sich die mentalen Perspektiven. In Verbindung damit, dass sich ihr Gefühl für existenzielle zeitliche Rahmenbedingungen verbessert, beginnen sich Jugendliche dieses Alters mitunter leidenschaftlich mit dem Sinn des Lebens sowie spirituellen oder existenziellen Themen und Werten zu befassen.

… aber sie sind auch auf der Suche nach spirituellen Perspektiven und fragen nach dem Sinn des Lebens.

Die zunehmende Fähigkeit, moralische Prinzipien zu erfassen sowie die Suche nach dem Sinn des Daseins und nach spirituellem Sinn kann zu einem starken Engagement für universelle Ideen wie Respekt, Gleichheit und Gerechtigkeit führen. In diesem Alter fühlen sich junge Menschen oft zu politischen, Umwelt- oder karitativen Organisationen hingezogen.

Mit der Erweiterung des Blickwinkels geht der Drang einher, für eine bessere Welt zu kämpfen.

Die Auseinandersetzung mit den Belangen anderer nimmt zu, ebenso wie wir eher wahrnehmen, auf welche Weise andere Fürsorge und Anteilnahme zeigen. Wenn es etwa darum geht, eine Liebesbeziehung zu beenden, werden wir uns Gedanken machen, wie wir diese Nachricht übermitteln. In diesem Alter achten wir auch darauf, wie andere moralische Prinzipien und Wohlwollen bei schwierigen Interaktionen mit Gleichaltrigen und Lehrkräften verkörpern.

Die Veränderungen im Gehirn und Körper laufen jetzt in ruhigeren Bahnen ab, was zu größerer emotionaler Stabilität sowie einem gefestigteren Identitätsgefühl führt. Das wiederum bewirkt im Erleben der Jugendlichen mehr Unabhängigkeit und Eigenständigkeit. Mit dem Ergebnis, vielleicht weniger in Konflikte mit der Familie zu geraten und eventuell leichter den Mut aufzubringen, Gleichaltrigen zu widersprechen, selbst auf die Gefahr hin, die eigene Stellung in der Gruppe zu gefährden. Nach ein paar Jahren Opposition gegenüber den sozialen und kulturellen Traditionen, mit denen sie aufgewachsen sind, ist ihre subjektiv erlebte Unabhängigkeit jetzt vielleicht solide genug, dass die Teenager einige davon zu schätzen wissen. *Bindungen* an Gleichaltrige und Erwachsene entwickeln sich noch weiter, und jetzt entstehen Freundschaften und Gruppenzugehörigkeiten, die oft ein Leben lang fortbestehen. Diese tiefergehenden Bindungen ermöglichen es auch zunehmend, andere an den Erfolgen und Fehlschlägen des Lebens teilhaben zu lassen, etwa an der Enttäuschung darüber, keine Lehrstelle in seinem Traumberuf gefunden oder den gewünschten Studienplatz nicht bekommen zu haben.

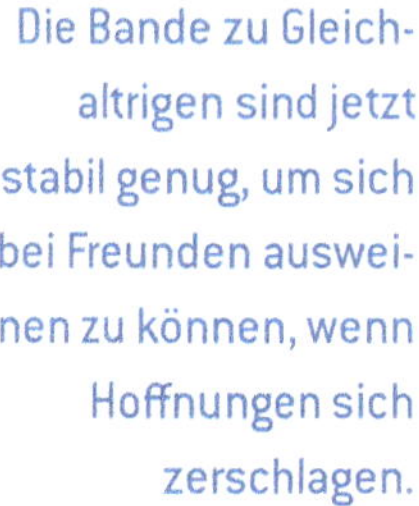

Die Bande zu Gleichaltrigen sind jetzt stabil genug, um sich bei Freunden ausweinen zu können, wenn Hoffnungen sich zerschlagen.

Spielerische Impulse bleiben auch noch weiterhin etwas, das das Zusammenwirken mit anderen bei Freizeitaktivitäten und Bildungsprojekten antreibt. Viele kognitive Fähigkeiten stabilisieren sich in dieser Phase, und die Jugendlichen lernen, über komplexe Themen zu reflektieren, etwa über die Beziehung zwischen ihrer persönlichen Zukunft und sozialen wie globalen Dynamiken. Dieser auf die

Zukunft gerichtete Blick erlaubt zunehmend einen Befriedigungsaufschub zugunsten eines später winkenden Lohns und versetzt sie viel besser in die Lage, strategisch zu planen. In diesem Alter sind sie in der Lage, über Themen zu reflektieren und sich vorzustellen, welche Konsequenzen der eine oder andere eingeschlagene Weg hätte. Unser beobachtendes Ich ist mittlerweile stabil genug, um auch das eigene innere Erleben und die eigenen Narrative erkunden zu können.

Von früher Kindheit an versuchen wir, Wichtiges mit Worten zu beschreiben. Nach und nach erweitern sich die erzählerischen Fähigkeiten, und bis zum Ende der Teenagerjahre sind wir in der Lage, ein kohärentes biografisches Narrativ zu erschaffen, also eine Geschichte darüber, wie wir zu dem Menschen wurden, der wir heute sind. Durch Mentalisierungsprozesse wird das biographische Narrativ immer wieder modifiziert, in der Adoleszenz wie auch später im Erwachsenenleben, wenn neue Erfahrungen hinzukommen und unsere Sicht früherer Ereignisse verändern.

Die Erkundung von Gruppenkulturen im eigenen Leben sowie dem von anderen, sexuelle Reifung und Identität

Wie bei den früheren Entwicklungsstadien gilt auch hier, dass Fähigkeiten, die sich bei Heranwachsenden entwickeln, mehr oder weniger gut Fuß fassen mögen. Wer seine eigene proximale Entwicklungszone oder die anderer ermitteln möchte, kann sich an den unten stehenden Fragen orientieren. Wie auch schon in den vorherigen Kapiteln sind sie so formuliert, dass sie zunächst einmal zur Mentalisierung in Bezug auf uns selbst einladen, bevor wir uns anderen auf diesem Weg annähern. Auch hier gilt es wieder, noch einen Schritt weiter zu gehen als uns einfach eine Antwort zu überlegen. Dazu kann man sich eine Situation aus dem wirklichen Leben vornehmen, für einen gewissen Zeitraum über eine der Fragen reflektieren oder man bittet jemanden aus dem Freundes- oder Kollegenkreis, von dem man sich Aufschlussreiches dazu erwartet, mit einem Überlegungen zu der entsprechenden Fähigkeit anzustellen.

Bindung

- Welche Menschen stehen dir im Leben am nächsten? Was macht ihr hauptsächlich, wenn ihr zusammen seid?

- Gehörst du irgendeiner Gruppe an, die für dich wie eine Familie ist? Was genau bewirkt bei dir das Gefühl, dort ‚zu Hause' zu sein?

- Wie ist deine Beziehung zu deiner Herkunftsfamilie?

- Wie engagierst du dich innerhalb des größeren Ganzen – welche höheren Ziele oder Projekte liegen dir am Herzen oder ziehen dich an?

Spiel und Kooperation

- Was ist deine bevorzugte Art von ‚Spiel'? Was unternimmst du gerne mit anderen – und was machst du gerne, wenn du allein bist?

- Wie kooperierst du mit anderen, wenn es um die Schritte beim Entwickeln eines Projekts geht: a) Entwicklung der Idee, b) Auf-den-Weg-Bringen, c) Festlegung fairer, machbarer, praktischer und wirtschaftlicher Bedingungen, c) Kurskorrekturen im weiteren Projektverlauf zur Optimierung reibungsloser Abläufe, d) Schaffung eines brauchbaren strukturellen Alltagsrahmens und e) Fertigstellung des Projekts oder Übergabe an andere?

Status

- Statuswahrnehmungen sind subjektiv. Unsere Normen bestimmen, wonach wir einen hohen und einen niedrigen Status beurteilen. Was verweist für dich auf einen hohen beziehungsweise niedrigen Status?

- Hast du jemanden, den du für dich als Vorbild oder Mentor betrachten würdest?

Geschlechtsidentität

- Wie fügen sich Bindung, Nähe und Sexualität in deinem Leben zusammen?

- Wie bringst du deine geschlechtliche Identität zum Ausdruck – in deinem Verhalten, deiner Kleidung, deinen Freizeitaktivitäten, den gesellschaftlichen Kreisen, in denen du verkehrst oder in deiner Berufswahl? Wie zufrieden bist du mit diesen Aspekten deiner Geschlechtsidentität?

Mentalisierung

- Wie steht es um deine Fähigkeit, unterschiedlichste Ereignisse im Leben auf eine Weise zu verstehen und in dir zu begreifen, dass du in guten Zeiten mit beiden Beinen auf dem Boden stehst und in schweren Zeiten nicht aufgibst?

- Wie steht es um deine Fähigkeit, andere zu verstehen und Empathie für Ereignisse in ihrem Leben, für Freud und Leid auf ihrer Seite aufzubringen?

- Achtest du auf Beziehungen innerhalb von Gruppen oder Familien und erkennst du Muster darin, wie die Betreffenden miteinander umgehen?

KAPITEL 8

Mentalisierung: Die Grundlage für eine lebenslange Weiterentwicklung

Weiterentwicklung im Erwachsenenalter

In den vorangegangenen Kapiteln haben wir versucht, eine Landkarte der menschlichen Persönlichkeitsentwicklung von der Kindheit bis ins frühe Erwachsenenleben zu entwerfen. Wir begannen mit einer kurzen Beschreibung einiger grundlegender Elemente dieser Entwicklung, um dann fünf allgemeingültige soziale Motivationssysteme zu skizzieren, und die drei letzten Kapitel befassten sich mit deren Entfaltung, die von biologischen und kulturellen Faktoren bestimmt wird.

Dabei ist hoffentlich klar geworden, dass persönliche Reifungsprozesse nicht erst ab einem gewissen Alter eintreten. Die ganz grundlegenden Fähigkeiten müssen vielmehr schon früh im Leben erlernt werden. Sie bilden dann die Basis für die Entwicklung komplexerer Kompetenzen, die wir erst später erwerben. Haben sich diese fundamentalen sozialen und persönlichen Kompetenzen nicht genug gefestigt, ist dies ein Nachteil für hierauf aufbauende Fähigkeiten, die sich später entwickeln. Diesen fehlt entweder die Stabilität oder sie werden dazu benutzt, ein tiefer liegendes Defizit zu kompensieren.

Von der Wiege bis zur Bahre gilt, dass unser persönlicher Reifungsprozess sich aufgrund von Interaktionen und Lebenserfahrungen mit anderen Menschen auf dem jeweiligen Entwicklungsniveau der Persönlichkeit und des Nervensystems gestaltet. Hierbei richtet eher die tägliche Dosis an hierfür relevanten Interaktionen etwas aus als entsprechende Einzelereignisse. Die Entwicklung fördernde Interaktionen müssen in die zahllosen alltäglichen Begegnungen und Aktivitäten eingebettet sein. Kinder wie auch Erwachsene brauchen eine entsprechende Struktur und Ziele, einen lebendigen Austausch, angemessene menschliche Fürsorge sowie die richtigen, genug Bewegungsspielraum bietenden Herausforderungen. – Und all das ist natürlich leichter gesagt als getan.

Wird die Struktur zum Korsett, führt sie zu Resignation und Stressreaktionen.

… ist sie zu unverbindlich, schwächt es das Engagement und wir sind nur noch halb bei der Sache.

Beides kann zu Frustration, Härte, Stressreaktionen und Fehlern führen …

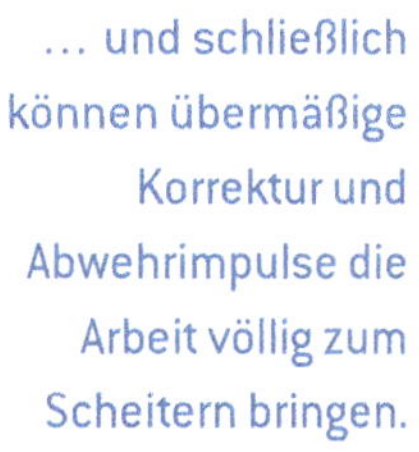

… und schließlich können übermäßige Korrektur und Abwehrimpulse die Arbeit völlig zum Scheitern bringen.

Der Schlüssel besteht darin, Interaktionen zu schaffen, die sowohl die anstehenden Aufgaben als auch die Bedürfnisse berücksichtigen und dafür sorgen, dass eine ausgewogene Teamarbeit für alle weiter möglich ist.

Menschen sind die größte Ressource einer Gesellschaft. Unsere jeweilige Gesellschaft sowie unsere Arbeitswelt profitieren davon, wenn wir unseren Erkenntnishorizont erweitern, ob am Arbeitsplatz oder im Privatleben. Wenn wir in der Lage sind, uns mentalisierend mit uns selbst auseinanderzusetzen, können wir Emotionen und Gedanken verschiedener Anteile unserer Persönlichkeit integrieren und an unserer eigenen Weiterentwicklung arbeiten. Das wiederum kann uns helfen, unser gesamtes Erwachsenenleben hindurch an unserer Mentalisierungsfähigkeit zu feilen. Es geschieht, während wir durch unser Leben gehen und von ihm geprägt werden: von Liebe, Konflikten und Herausforderungen in intimen Beziehungen mit dem Partner oder der Partnerin, mit den Kindern und bei der Arbeit; als Staats- und WeltbürgerInnen und als Mitmenschen; bei unserem religiösen oder spirituellen Streben und bei unseren unvermeidlichen Begegnungen mit Verlust, Krankheit, Leid und Tod.

Verkörperte Mentalisierung

Bei Mentalisierung geht es darum, mehrere Sichtweisen zulassen zu können. Darum, Ansichten und Emotionen verstehen und ihren Zusammenhang mit dem eigenen Verhalten und dem anderer nachvollziehen zu können. Zu mentalisieren bedeutet Klarheit im Denken und im Fühlen, sich empathisch in eine Erfahrung hineinzuversetzen und dann einen Schritt zurückzutreten und über sie zu reflektieren. Wie wir gesehen haben, kann unsere emotionale Entwicklung sich nur dann entfalten, wenn unsere emotionalen Erfahrungen tief in realen Lebenserfahrungen wurzeln sowie in verkörperten Empfindungen und in der Fähigkeit zur Synchronisation mit anderen. Auch unser kognitives Begreifen steht und fällt mit unserem Kontakt mit der konkreten und von uns wahrgenommenen Wirklichkeit. Als wir lernten, bis drei zu zählen, begannen wir zunächst einmal damit, Äpfel, Luftballons und dergleichen zu zählen. Allmählich ließen diese drei Äpfel und drei Ballons innerlich ein Gespür dafür entstehen, was es mit dem Symbol ‚3' auf sich hatte. Zusammen genommen, können unsere Alltagskompetenzen in Sachen emotionale Beziehungen und kognitive Symbolisierung schließlich die Basis für eine verbale Mentalisierung bilden. Das heißt, dass unser sensomotorisches Erleben, das uns in die Realität einbettet, unsere Kognition und unsere Emotionen zusammenwirken müssen, damit sich unsere Mentalisierungsfähigkeit Zeit unseres Lebens weiterentwickelt. Indem wir untersuchen, wie diese drei Bereiche zusammenwirken, können wir Stärken und Schwächen bezogen auf den Entwicklungsstand unseres Mentalisierungsvermögens als Erwachsene aufspüren. Das wiederum kann helfen, uns gezielt bestimmte Fähigkeiten vorzunehmen, die in den vorherigen Kapiteln behandelt wurden und die wir stärker trainieren möchten – auf eine Weise, die Spaß machen kann.

Das Mentalisierungsdreieck: Eine schematische Darstellung der Verbindung zwischen sensomotorischen, emotionalen und kognitiven Fähigkeiten innerhalb der Persönlichkeit.

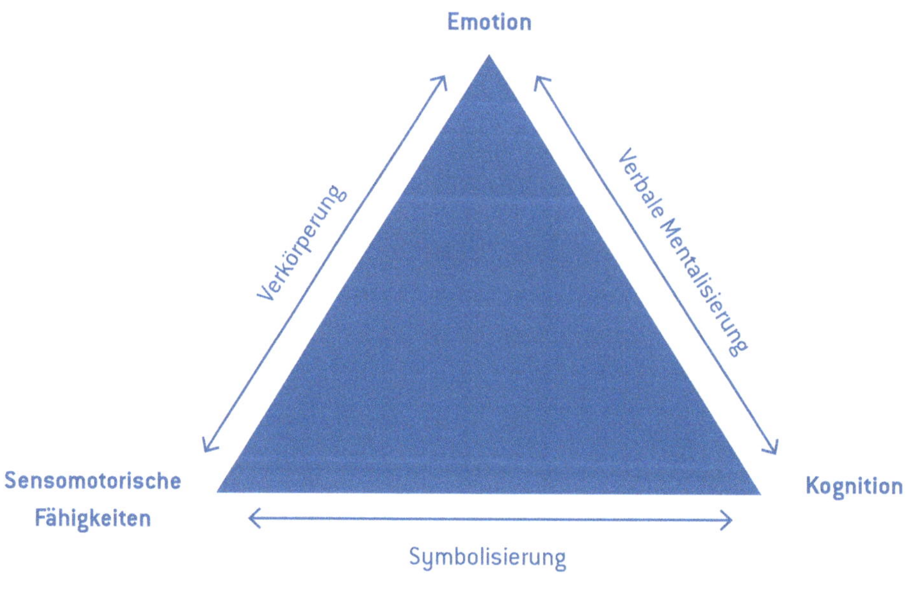

Verkörperung

Während der ersten Lebensjahre sind die emotionale und die sensomotorische Entwicklung miteinander verflochten und nicht voneinander zu trennen. Diese Entwicklungen ermöglichen Verkörperung, persönliche Erdung und emotionale Regulation. Das sichere Kind erkundet freudig die Welt, unterstützt von der liebevollen Aufmerksamkeit seiner Eltern. Die gemeinsame lebhafte Beschäftigung mit Dingen und die Regulation beim realen Erkunden der Welt stellen für das Kind die Erfahrungen her, die es später mit Symbolen zu verknüpfen lernen wird: von Äpfeln und Luftballons zu Zahlen.

Lebhafte und gut regulierte Begegnungen mit anderen erleichtern die Verkörperung …

Bis zum Ende des zweiten Lebensjahrs haben wir im Allgemeinen ein Ich-Gefühl entwickelt, das im Großen und Ganzen auf den Körperempfindungen basiert, die mit den eigenen emotionalen Erfahrungen bei den zahllosen Interaktionen mit den Eltern und anderen erwachsenen Bezugspersonen verbunden sind. Aufgrund des für die gesamte westliche Welt charakteristischen Primats des Denkens haben viele Menschen diese Verbindung zwischen verkörperter Erfahrung und Emotionen vergessen, aber zum Glück lässt sie sich mit entsprechender Übung wiederentdecken. Die nachfolgenden Gliederungspunkte liefern einige Anhaltspunkte hierfür. Mit ihrer Hilfe lässt sich der Status dieser Fähigkeiten im alltäglichen Leben ermitteln und vielleicht ihre Integration in die eigenen Mentalisierungsprozesse vorantreiben.

Die Schlüsselelemente der Verkörperungsseite des Mentalisierungsdreiecks sind folgende:

- Fortlaufendes Achten auf die Verbindungen zwischen den eigenen Körperempfindungen, der eigenen Mimik, den Bewegungsimpulsen und allen erdenklichen Arten von emotionalen Zuständen bei sich selbst und anderen.
- Zulassen können, dass wir durch den emotionalen Kontakt mit anderen reguliert, das heißt, beruhigt oder ermutigt werden.
- Sich ganz in ein gemeinsames Projekt versenken und abwechselnd führen und folgen können.

- Es wahrzunehmen, wann eine Synchronisation vorliegt und sie anzustreben – Phänomene wie spontan in Gleichschritt mit jemandem verfallen oder uns in Richtung eines gemeinsamen ‚Flows' oder einer Gemeinsamkeit auf der Bedeutungsebene bewegen – diese Momente der Begegnung in einem Gespräch, die sich ins Gedächtnis eingraben.

Diese Fähigkeiten werden in *Das neuroaffektive Bilderbuch* (2016) ausführlich beschrieben.

Symbolisierung

Im Laufe der nächsten Jahre verlagert sich die emotionale Lernzone des Kindes nach und nach von der Verbindung zwischen körperlichen Empfindungen und Emotionen zum *Symbolgebrauch* und zu Als-ob-Spielen. Bei beidem wird eine Verbindung zwischen Emotionen und kognitiven Fähigkeiten hergestellt. Worte zum Beispiel sind ein bestimmter Typ von Symbolen. Ein Kindergartenkind beherrscht Sprache noch nicht ausreichend, um emotionale Erkenntnisse in Worte zu fassen, also drückt es Erlebtes über Als-ob-Spiele und Symbole aus, etwa indem eine Puppe zum Flugzeug wird oder eine Schachtel zum Schloss. Als-ob-Spiele setzen voraus, dass man über innere Körperempfindungen und Gefühle in Bezug auf Dinge, Menschen oder Situationen verfügt. Außerdem müssen wir in der Lage sein, diese Bedeutungen auf Symbole und symbolische Rollen zu übertragen. Diese Fähigkeiten bilden den Kern unserer Fähigkeit, Informationen von einem Kontext auf einen anderen zu übertragen; mit zunehmender emotionaler Reife bedeutet das Informationen über Gefühle und Beziehungen. Wenn wir nicht in der Lage sind, unseren emotionalen Zustand über Symbole auszudrücken, bleibt uns nur die Möglichkeit, sie an unserer Umgebung auszulassen oder an uns selbst – entweder es kommt zu einem Ausagieren in Form von Gefühlsausbrüchen, oder einem Einagieren, das mit Selbstverurteilung, depressiven Gefühlen oder somatischen Symptomen einhergeht. Auf der frühesten Stufe des Als-ob-Spiels stellt sich das Kind vielleicht vor, ein mutiger Jäger zu sein oder ein gefährlicher Tiger. Derartige Spiele sind sowohl verkörpert als auch symbolisch. Sie koordinieren sensomotorisches Erleben und Kognition und schulen die verkörperte Phantasie, was wiederum neue emotionale Erfahrungen ermöglicht. So zum Beispiel kann ein Lieblings-Spielzeughund zum klugen treuen Freund werden und in schwierigen Zeiten Trost spenden, und er hat vielleicht sogar eigene Meinungen und Freunde.

… Verkörperung wiederum erlaubt uns, innerliche Symbole zu erschaffen, um unsere Emotionen zu regulieren …

... so dass die Symbole und Qualitäten, die wir uns zu eigen machen, schließlich zu Persönlichkeitsmerkmalen werden.

Im Erwachsenenleben dürften wir alle schon einmal Symbole zu kognitiven Zwecken eingesetzt haben: um uns einen Überblick über etwas zu verschaffen zum Beispiel, etwa dann, wenn wir eine Planungsskizze für eine neue Einbauküche erstellen. Symbole lassen sich jedoch auch dazu einsetzen, emotionale Erkenntnisse zu einer Beziehung zu erlangen, indem verschiedenen Menschen oder Anteilen von uns selbst und anderen jeweils Symbole zugewiesen werden. Ein klassisches psychotherapeutisches Modell, Karpmans Dramadreieck, kann dabei helfen, drei sehr gängige Rollen stärker wahrzunehmen, die in menschlichen Interaktionen zum Tragen kommen: *Opfer – Retter – Täter*. Vielleicht erkennen wir diese Rollen sogar in den Dialogen, die in uns selbst ablaufen.

Karpmans Dramadreieck kann sich in einem inneren Dialog äußern wie auch in Interaktionen mit anderen.

Hier die Schlüsselelemente der Symbolisierungsseite des Mentalisierungsdreiecks:

- Symbole und Rollen dazu einsetzen können, eine imaginäre Welt zu erschaffen, in der Gedanken und Vorstellungen externalisiert werden können – alleine wie auch mit anderen.

- Symbole benutzen können, um Beziehungen und interpersonale Rollen zu erkunden und mit neuen Möglichkeiten zu spielen.

- Symbole und Rollen benutzen können, um eigene Erfahrungen, innere Zustände und Persönlichkeitsaspekte näher zu ergründen.

- Ideen von der eigenen Als-ob-Welt auf das wirkliche Leben und von einem Kontext auf einen anderen übertragen können.

Mentalisierung

Verkörperung und Symbolisierung untermauern die Verbindung zwischen Emotionen und Gedanken, und hier haben wir die Domäne der verbalen Mentalisierungsfähigkeit. Mentalisierung erfordert eine Entwicklung kognitiver Fähigkeiten, die im frühen Schulalter erstmals zum Vorschein kommen. In der Kindheit entwickeln wir ein besseres Verständnis der Beziehungen zwischen innerem Erleben und äußerem Verhalten. Wir können nachvollziehen, dass ein Kind untröstlich darüber sein kann, ein Spiel verloren zu haben und deshalb aufspringt und das Spielzeug eines anderen Kindes durch den Raum kickt, das dann seinerseits richtig wütend wird und einen Erwachsenen hinzuruft, der sich dann einschaltet und erklärt, wie die Regeln lauten. Das Kind, das diese Abfolge von Ereignissen beobachtet, verspürt vielleicht Empathie (Verkörperung) mit den beiden anderen Kindern und vielleicht sogar mit der erwachsenen Person. Vielleicht macht es von seiner Phantasie Gebrauch (Symbolisierung), um darüber zu reflektieren, was es selbst getan hätte oder was die beiden hätten anders machen können. Mit Hilfe dieser Art von Empathie und Einsichtsvermögen erlernt das Kind Mentalisierung im Hinblick auf sich selbst sowie andere Kinder und Familienmitglieder. Es greift vielleicht auch darauf zurück, um komplexe Interaktionen zu verfolgen, an denen viele verschiedene Menschen und Emotionen beteiligt sind.

Die Fähigkeit zur Mentalisierung macht die Handlungen anderer sinnvoll und absehbar und uns selbst damit unabhängiger. Es verbessert unsere Fähigkeit, uns länger auf etwas zu konzentrieren, selbst wenn die Aufmerksamkeit sich auf etwas richtet, für das keine unmittelbare Belohnung winkt, etwa die Hausaufgaben. Mentalisierung trägt auch dazu bei, eine Nähe zu anderen im psychologischen Sinne zu fördern, also die Fähigkeit, die Emotionen und Gedanken eines Gegenübers zu spüren und präsent zu sein, während sie sich äußern, ohne dass der Leidensdruck oder das Unbehagen des Gegenübers uns überwältigen. Wenn die Fähigkeit, psychologisch Nähe herzustellen, unzureichend entwickelt ist, wird uns der Schmerz anderer entweder förmlich überrollen, oder wir wollen nichts mit ihm zu tun haben.

Hier Schlüsselelemente der Mentalisierungsseite des Mentalisierungsdreiecks:

- Wahrnehmen und Beschreiben der eigenen Körperempfindungen, Emotionen, Bilder, Gedanken und Handlungen und Untersuchen, wie diese zusammenhängen.
- Vorstellen der Körperempfindungen, Emotionen und Gedanken anderer basierend auf den eigenen Beobachtungen und emotionaler Empathie.
- Empathie gegenüber sich selbst und anderen.
- Sich vorstellen, wie sich das eigene Verhalten auf andere auswirkt.

Koordinaton der drei Seiten des Mentalisierungsdreiecks
Während der Adoleszenz durchlaufen die körperlichen, die emotionalen und die kognitiven Bereiche, die bei der Mentalisierung beteiligt sind, eine umfassende Entwicklung. Mentalisierung wird jedoch auch von den Moralvorstellungen und der Weltsicht geprägt, die junge Menschen von ihrem Umfeld absorbieren sowie von der Identität und dem Selbstbild, die beziehungsweise das sie in dieser Zeit ausbilden. Diese Jahre sind entscheidend für die Entwicklung der Mentalisierungsfähigkeit im Erwachsenenalter. In früheren Entwicklungsphasen haben sich vielleicht Ressourcen innerhalb jedes dieser drei Gebiete entwickelt, aber während der Adoleszenz beinhaltet die proximale Entwicklungszone ein Ausbalancieren der drei Seiten und deren wechselseitiges Verflechten, so dass wir bei unseren Interaktionen ganz von selbst – oft ohne auch nur darüber nachzudenken – relevante Mentalisierungskompetenzen aktivieren.

Nachfolgend Schlüsselelemente des Verflechtens der drei Seiten des Mentalisierungsdreiecks:

- Ein Gespür für die eigene persönliche Mischung von Verkörperung, Annahmen, Erwartungen, Beobachtung und Beschreibung haben sowie einschätzen können, ob hiervon jeweils zu viel oder zu wenig vorhanden ist.
- Verkörperung, Symbolisierung und verbale Mentalisierung in Bezug auf die Situation, über die wir reflektieren, ins rechte Verhältnis bringen können.
- Sich vom eigenen inneren Erleben einer Situation lösen können – oder von seiner Empathie für einen anderen Menschen – um die gewonnene Erkenntnis an der Realität zu überprüfen.
- Die Situation in einem umfassenderen Zusammenhang sehen können, etwa im Verhältnis zu den Bedürfnissen anderer oder im Verhältnis zu bestimmten Grundprinzipien.

Schlusswort

In diesem Buch haben wir den komplexen Werdegang der Identität und Sozialisation etwa vom Alter von zwei Jahren bis zur Schwelle zum Erwachsensein umrissen. Durch unzählige Interaktionen während der Kindheit und Jugend haben wir uns an die Kultur in unserem Umfeld angepasst. Wir haben Bewältigungsstrategien für den Umgang mit unseren Emotionen entwickelt und dafür, auch unter Druck organisiert zu bleiben, und wir haben hoffentlich realistische und positive Erwartungen an die Welt um uns herum ausgebildet.

Der Mensch ist ein hypersoziales Wesen, und Beziehungen werden unser Leben lang entscheidend für unsere psychologische Entwicklung und unser Wohlbefinden sein. Wir tragen diese Beziehungen in Gestalt innerer Repräsentationen in uns, und über sie sind wir Bestandteil eines viel umfassenderen Systems, einer Gesellschaft, die sowohl uns prägt als auch die Kultur, in der wir leben. Die Strömungen in unserer Gesellschaft und Kultur wiederum beeinflussen unentwegt unsere Persönlichkeit und unsere sozialen Beziehungen.

Die Gesellschaft schafft Interaktionen und wird gleichzeitig von ihnen geschaffen. Wollen wir Gemeinschaften aufbauen, die auf Realismus und Effizienz basieren, auf gemeinsamen Grundwerten und dem Schutz besonders verletzlicher Personengruppen, so brauchen Kinder und Jugendliche Erwachsene – unter anderem Eltern, Lehrkräfte an der Schule und BetreuerInnen in der Vorschulzeit – die sowohl in der Lage sind, sie zu mentalisieren als auch *mit* ihnen zu mentalisieren, und die ihre Erkenntnisse in aktives Handeln umsetzen können.

In diesem globalisierten Zeitalter tritt immer deutlicher zutage, dass unser Verhalten gegenüber anderen in unserem lokalen gemeinschaftlichen Umfeld Dialoge und Normen der großen weiten Welt beeinflusst. Die Anthropologin Margaret Mead soll einmal gesagt haben: ‚Zweifle nie daran, dass eine kleine Gruppe nachdenklicher, engagierter Bürger die Welt verändern kann. Tatsache ist, dass dies das einzige ist, was je etwas verändert hat.'

Von daher schließen wir also mit der Hoffnung, dass diese Seiten einige Anregungen für neue, freudvolle und die emotionale Reifung beflügelnde Interaktionen im Rahmen der jeweiligen proximalen Entwicklungszone enthalten haben – der eigenen und der von anderen.

Literaturempfehlungen

Wer sich für weitere – oder stärker theorieorientierte – Bücher über die neuroaffektive Perspektive interessiert, könnte es mit einem der folgenden versuchen:

- Bentzen, M. (2016). *Das neuroaffektive Bilderbuch*. Selbstverlag.

  Hierbei handelt es sich um das erste Bilderbuch. In ihm geht es um die grundlegende Entwicklung der Persönlichkeit, wobei der Schwerpunkt auf der Entwicklung während der zwei ersten Lebensjahre liegt. Das Buch enthält Beschreibungen normaler und stressbezogener Interaktionsmuster im dreieinigen Gehirn und stellt und die neuroaffektiven Kompasse werden vor.

- Bentzen, M; Hart, S (2015): *Neuroaffektive Therapie mit Kindern und Jugendlichen: Vier entwicklungsphasenbezogene Behandlungsansätze*. Lichtenau: G. P. Probst Verlag

  Dieses Buch stützt sich auf die Theorie der neuroaffektiven Entwicklungspsychologie und das neuroaffektive Kompassmodell, um anhand von Transskripten zu vier Psychotherapiesitzungen mit Kindern, durchgeführt von vier Psychotherapeuten, die verschiedene Ansätze verwendeten, die Beziehungs- und Entwicklungsfaktoren auszuwerten. Die letzten Kapitel enthalten Highlights aus den Gesprächen zwischen den vier Therapeuten.

- Hart, S (2010): *The Impact of Attachment*. New York: Norton.

  Dieses Buch ist ein Basiswerk zur neuroaffektiven Persönlichkeitsentwicklung. Es ist ein Theorie-Lehrbuch mit einer Zusammenstellung von Erkenntnissen der Entwicklungsforschung und den Korrelationen zur Reifung des Gehirns.

www.ingramcontent.com/pod-product-compliance
Lightning Source LLC
LaVergne TN
LVHW060615110826
845154LV00003B/91